如何培养孩子正确的财富观

陈金平　李贺　李坚坚◎著

辽宁人民出版社

图书在版编目（CIP）数据

如何培养孩子正确的财富观 / 陈金平，李贺，李坚坚著. — 沈阳：辽宁人民出版社，2024.1
ISBN 978-7-205-10893-9

Ⅰ. ①如… Ⅱ. ①陈… ②李… ③李… Ⅲ. ①财务管理—儿童读物 Ⅳ. ①TS976.15-49

中国国家版本馆CIP数据核字（2023）第197666号

出版发行：辽宁人民出版社
地址：沈阳市和平区十一纬路25号　邮编：110003
电话：024-23284191（发行部）　024-23284304（办公室）
http://www.lnpph.com.cn
印　　刷：凯德印刷（天津）有限公司
幅面尺寸：165mm×225mm
印　　张：13.25
字　　数：159千字
出版时间：2024年1月第1版
印刷时间：2024年1月第1次印刷
责任编辑：孙姈娇
封面设计：胡椒书衣
版式设计：谢　博
责任校对：吴艳杰
书　　号：ISBN 978-7-205-10893-9
定　　价：56.00元

前言

在这个世界上，每个人都需要和钱打交道，用钱来更好地经营美好的生活。

即使是在孩子成长过程中，也与钱息息相关、形影不离。但是在金钱认知方面，孩子却呈现出了不同的状态：

有的孩子知道钱是通过劳动赚来的，有的孩子却不知道钱是从哪儿来的；有的孩子知道节约零花钱，有的孩子却在花钱时大手大脚；有的孩子能管理好自己的“小金库”，有的孩子却将自己的财务管理得一塌糊涂；有的孩子很早就具备投资思维，有的孩子却被预见将成为“啃老”一族……孩子在金钱上的诸多截然不同的认识和表现，其实与孩子是否能和钱成为好朋友息息相关。

能和钱做朋友的孩子，有较高的财商，不仅从小就可以正确地认识和使用金钱，长大后也善于理财，不会被金钱所困。而不能和钱做朋友的孩子，从小没有正确的金钱观，长大后也可能会在如何赚钱、存钱、花钱等问题上陷入困境。

已经有越来越多的人认为，孩子有和钱做朋友的观念和能力，有较高的财商，是未来实现综合成功的关键因素之一。

但是，在中国，很多父母自己就没有树立正确的财富观，家庭理财的状况也令人担忧，在教育孩子财商这一方面也有很大的缺失。有的父母认为，孩子不宜过早接触金钱；有的认为孩子不了解存钱、投资和理财也没什么关系；甚至有些父母认为，孩子过早接触金钱，就会过于看重金钱，会变得世俗、势利和堕落。

在这样的环境下，孩子怎么能学会和钱做朋友，又怎么能具有财富思维，继而获得财富呢？

父母需要认识到：孩子越早正确认识金钱且和钱成为好朋友，越能为他们未来的生存状况打下基础，提升他们未来的自由、幸福和健康指数。

让孩子学会和钱做朋友，需要从多个方面努力，本书由陈金平、李坚坚、李贺三位老师联手打造，内容由浅入深，涉及为什么要培育孩子财商？怎样帮助孩子建立金钱意识？如何让孩子建立正确的消费观、金钱观和价值观？如何帮助孩子实现经济独立？如何让孩子成为一名理财小达人？……从多个方面帮助父母，培养孩子和钱成为朋友的能力，引导孩子树立正确金钱观和价值观，提升孩子的理财思维和投资能力，进而帮助孩子真正地实现经济独立、财富自由。

本书还搜集了真实且具有代表性的案例，并在案例之后添加专业且可操作的建议，以案例 + 建议的形式，让父母和孩子都可以轻松阅读。通过本书，希望能够帮助父母快速掌握培育孩子和钱成为朋友的方法和技巧。

作为父母，如果不想让孩子在未来为金钱烦恼，从此刻起，就要将财商培育这一重要课程提上日程。

目 录

第三章　父母是孩子的财商老师

第四章　金融小知识，树立“钱意识”

第五章 “赚钱”也要从娃娃抓起

第六章 财商需要会“赚钱”又节俭

第七章 “零花钱计划”

第八章 用理财投资未来

第九章 前方注意避让高危陷阱——盲目消费

第一章

财商培育：为孩子的未来打基础

有一个著名的公式：成功 = 智商 + 情商 + 逆商。

因为这个公式，很多父母非常注重孩子智商、情商和逆商的培育。实际上，在孩子的成长过程中，父母还需要注重培育孩子的财商。

财商，是能处理好自己和钱之间的关系，了解金钱与自己、与生活以及与世界的关联，同时有驾驭、运用金钱的能力。孩子拥有了财商，才能守住他的财富。相反，如果孩子缺乏财商，财富就会如流沙一般从手中流逝。

尽早培养孩子的财商，引导孩子和金钱做朋友，才能为孩子未来的生存状况打好基础。

财商教育：从小开始

很多父母只听说过“情商”“智商”“逆商”，其实，“财商”也同等重要，它们也被列为现代社会四大不可或缺的能力。

什么是“财商”呢？

财商，简称“FQ”，是英文“Financial Quotient”的缩写，最早是由一位作家提出的。财商指一个人认识、驾驭金钱的能力和智慧，具体包含两个方面：一是正确认知财富及财富倍增规律的能力，二是正确驾驭财富及应用财富的能力。简单来说，财商就是与金钱打交道的能力。

“智商”和“情商”分别反映人在自然中的生存能力和人在社会中的生存能力，“逆商”是人面对挫折与结果的反应，而“财商”则反映人在经济社会中的生存能力。据研究，财商是直接影响人生活幸福指数的重要因素之一。

因此，从小对孩子进行财商培育十分重要。

很多父母会认为，孩子还太小，对其进行财商培育为时尚早。事实上，孩子越小，越要对其进行财商培育，以帮助孩子尽早培养正确的财富观，和财富建立平等和谐的关系。

爱在我家训练营的学员媛媛妈妈曾分享她的经历。

媛媛妈妈在女儿不到3岁的时候，就开始着手培育她的财商了。教她认识人民币的面值，了解钱的购买能力。因此，媛媛比同龄的孩子要更早觉醒“钱意识”。媛媛在5岁的时候就开始参与制定家庭购物计划并执行，在这个过程中也能帮助她更好地构建金钱意识，逻辑思维也能得到锻炼。

很多幼儿园都会有意识地培育孩子的财商，有一回，媛媛所在的班级需要交美术材料费，老师为了了解孩子们对钱的认知，便让孩子自己回家通知父母需要多少，并在隔天带来幼儿园。

媛媛回家后，她清楚地告诉妈妈要带 36 元。她说，老师在班级里给他们展示了，要带一张 20 元纸币、一张 10 元纸币、一张 5 元纸币以及一枚 1 元的硬币。

后来，老师告诉媛媛妈妈，她的女儿是第一个，也是唯一一个将钱的数额说对的小朋友。

在媛媛 4 岁左右的时候，媛媛妈妈带她去超市选购儿童洗漱用品。洗漱用品区域对面的货架摆满了玩具，妈妈在选购商品的时候，媛媛在看玩具。她看到一个比她稍大一点儿的孩子，一手拿着一张 20 元，一手拿着一个玩具。媛媛皱着眉头告诉那个孩子，他的钱不够支付玩具的费用，并告诉他货架上哪几款玩具是他的钱能够支付的。不过，那个孩子却固执地说他的钱数额很大，能够买得起。

媛媛的经历证明，从一定程度上来说，财商能促进思维逻辑的发育。所以，培养孩子的财商，一定要趁早、趁小。拥有正确财富观的孩子，更容易成功，更容易不贪婪。

财商是一种观念、一种智慧、一种能力、一种习惯，不是一朝一夕或是一个阶段就能养成的，而是一个伴随孩子成长的长久过程。越早培育孩子的财商，也就能够越早培养孩子正确的理财习惯和观念。

很多国家都注重对孩子的财商教育，而且教育过程会浸透到孩子的每一个生活细节。

孩子财富观的培养，应该分几个阶段：从孩子 3 岁起就应该有计划地实施财商教育，并有计划地在孩子的不同年龄段，帮助他掌握对金钱的新认知。在 3 岁时，孩子能够清楚地辨认货币的面值；在 6 岁时，能够了解钱的购买力，并独立完成消费；在 8 岁时，需要明白金钱与劳动的关系；

在 16 岁时，要鼓励孩子打零工赚钱，等等。孩子从小受到财商教育，长大后才能展现出很强的独立能力。

图 1　财商教育的过程

在从小培养孩子财商上，陈老师有以下几点建议：

1. 在黄金时期培养孩子的财商。

通常来说，3—12 岁是培养孩子财商的黄金时期。为什么从 3 岁开始？因为 3 岁是孩子性格形成和身心发展的重要时期，在这个阶段培育孩子的财商，能够很好地养成孩子在金钱方面的习惯。3 岁是对孩子实施财商培育的启蒙年龄，父母需要把握培养孩子财商的黄金阶段。

2. 不同的年龄段进行不同层次的财商培育。

培育孩子财商是一个大工程，包含很多方面，譬如认识金钱、使用金钱、树立正确的价值观、培养好的消费习惯、了解投资理财的知识，等等。这些信息有的浅显，有的深入，如果孩子年龄太小，就无法理解深入的信息。所以，需要有计划地培育孩子的财商，在不同的年龄段进行不同层次的财商培育，可根据孩子对外界的认知程度来决定具体培育内容。

3. 给予孩子实践的机会。

培养孩子财商时，父母不仅要用嘴巴说，也要给孩子实践的机会。通过实践，孩子的财商才能得到快速提升。譬如让孩子有独自使用金钱的机会，在实践的过程中，孩子可以很快摸索出钱的购买力。

4. 在财商教育中要更注重品质教育。

虽然财商教育是围绕“金钱”展开教育，但是如果只是一味地给孩子灌输金钱意识，可能会让孩子极其看重钱财。父母还需要围绕金钱对孩子进行品质方面的教育。譬如教导孩子要诚实守信，教导孩子“君子爱财，取之有道”，等等。让孩子既能与金钱之间有一个良好的关系，也能拥有一个好品质，孩子的未来也会因此更美好。

好的习惯和观念能够影响孩子的一生，培育孩子好的理财习惯和理财观念，也会给孩子的人生带来积极的影响。所以，孩子的财商，父母需要从小培育。

财商教育：拒绝理财盲

如果不对孩子进行理财教育，孩子就不会和钱打交道，容易成为理财盲。

这是个需要学历的社会，很多父母都注重孩子的 K12 学科学习。孩子除了要学习文化课，还需要学习很多特长。但是，如果父母只注重孩子的文化教育，缺乏对孩子的“钱意识”以及和钱打交道等方面的教育，理财盲则会成为新的时代问题。

爱在我家训练营的学员沐子妈妈曾分享她的经历。

沐子很小的时候就表露出了超强记忆力。每次教她认字、背古诗都能快速记住。为了训练她的记忆力，妈妈抽出很多时间教她识字、背古诗，在 2 岁半那年，她就已经能认识很多字，背出很多首古诗了。

有一回，妈妈在教沐子背古诗的时候，她出现了不耐烦的情绪，为了安抚她，让她继续坚持，妈妈说，学完后可以去买雪糕吃。因为雪糕的诱惑，她又跟着妈妈继续学习。结束之后，妈妈拿着零钱包，带她去了超市。以往，沐子对钱从不感兴趣，但这一次，沐子要求她来拿钱。因为零钱包里的钱面额都是 5 块、10 块，所以妈妈放心地交给她了。

到了超市后，沐子选中了一支 5 块的雪糕，并自己去收银员那里付钱，收银员告诉她需要付 5 元钱。沐子拉开零钱包准备付钱。让妈妈意想不到的是，明明 5 块钱就在眼前，沐子却左翻右翻，最后拿出了零钱包里的所有纸币递给收银员。

这件事让妈妈意识到，她只顾着教沐子学习文化知识，却忽略了对她进行理财教育，令她成了一个小小的“理财盲”，和钱接触机会很少，怎么能拥有正确的财富观呢？

什么是理财盲？简而言之，就是没有理财想法，对理财方面的知识一窍不通。想要判断孩子是不是理财盲，可以观察他是否有以下特点：

“钱意识”很弱。表现为孩子不能准确地说出自己存了多少零花钱；总是将自己的零花钱乱放；把钱放在某个地方后，总想不起来放在哪儿；钱包里钱的摆放毫无秩序；等等。

没有省钱观念。表现为孩子全凭自己的喜好购买东西；在购买时，既不会去评估商品的价值，也不在乎自己的购买能力；从来不会讲价、问折扣，甚至还有可能认为这些做法没面子或者麻烦；等等。

沐子在玩玩具，身边随意地放着她的零花钱。

1 “钱意识”很弱

2 没有省钱观念

3 专注于单一的银行储蓄

图 2 “理财盲”的特点

从来没有想过理财。这是“理财盲”最典型的特点，主要表现为孩子从来没有想过通过理财让财富升值；搞不清“投资”和“理财”的概念；认为投资理财存在风险，对理财类的话题很抗拒，等等。

专注于单一的银行储蓄。孩子能想出的唯一的理财方法就是银行储蓄。同时认为将钱存入银行是最安全的，并认定银行储蓄是唯一的理财方法。

当孩子出现以上几个特点时，那么他很可能是一个“理财盲”。导致孩子成为“理财盲”的直接原因，是孩子欠缺财商。只有培养孩子的财商，孩子才不会成为“理财盲”。

如何帮孩子撕掉“理财盲”的标签呢？坚坚老师有以下几点建议：

1. 帮助孩子建立“钱意识”。

理财是一种能力、一种智慧，它的核心是“钱”，父母需要帮助孩子建立对“钱”的意识，有了意识，他才会主动地驾驭钱。父母可以告诉孩子关于钱的各方面知识，比如钱是什么？钱从哪里来的？钱的购买力？钱是不是万能的？等等。

2. 告诉孩子“钱能生钱”。

许多父母在带孩子认知钱的时候，会忽略“钱能生钱”这个信息，孩子不知道钱可以生钱，又怎么会想到理财呢？在帮助孩子建立“钱意识”的同时，也要告诉孩子钱可以生钱的信息。

3. 引导孩子合理使用钱。

很多孩子没有理财的观念，是因为“钱意识”很弱，主要是因为孩子在使用钱的时候太过随意，全凭喜好消费。当孩子对钱没有规划时，自然就不会有理财的想法。父母要引导孩子合理使用钱，让孩子对钱有规划，有更深的认知。

4. 给孩子普及投资理财方面的知识。

投资理财的信息面很广，投资理财的方法也有很多种，不让孩子专注于单一的银行储蓄，就要告诉孩子其他的投资理财方式。需要注意，在告诉孩子每种投资理财方式的利益如何时，也要告诉他们每种投资理财的风险。让孩子根据认知再结合自身情况，选择适合自己的投资理财方式。

理财是一种技能，孩子掌握了这项技能，他的生活就会更顺利。想要掌握这项技能，孩子需要学会面对和接触金钱，客观地认识它、和它交好，而不是用错误的方式和它打交道。为了孩子的未来，父母一定要培养孩子的财商，不能让孩子成为“理财盲”。

财商教育：生活不累

一定程度上来说，怎样花钱，就有怎样的人生。和钱相处的模式将决定生活的难易程度，以及人生的状态。当财商提升，学会和钱和谐相处，它便可以成为获得幸福生活的好帮手。

然而社会上有这样一群人，他们被称之为“月光族”。所谓的“月光族”，是指每个月赚的钱都会在当月花光。通常，“月光族”在月初的时候潇洒肆意，月中、月尾的时候捉襟见肘。

还有一类人被称为“卡奴”。“卡奴”指一个人使用大量的信用卡，并且以卡还卡。这种拆东墙补西墙的方式，最终会让自己陷入“以债养债”的恶性循环，令生活千疮百孔。

有数据表明，社会上的“月光族”“卡奴”大多是年轻人，且其中很多年轻人都受过高等教育。为什么这些人没有良好的消费习惯呢？因为欠缺财商。而财商的欠缺，与他们是否从小就受过财商培育息息相关。

理财、消费是一种习惯，想要养成习惯，需要耗费很长的时间和精力。孩子习惯的养成，又与他们所处的环境有关。这表现为，如果父母对孩子进行财商教育，孩子就会养成对钱的正确认识，才会有好的消费习惯。反之，如果父母不对孩子进行财商教育，孩子长大后就会忽略理财，甚至对理财一窍不通，全凭个人喜好消费。

需要知道，不管孩子的智商多高，未来能赚多少钱，如果缺乏财商，生活一样可能困厄疲惫。为了孩子未来能有更好的生活，父母需要从小对他们进行财商的培育。

在爱在我家《卓越种子——财商育成》训练营中，一位父亲说，在他的家庭中，他每个月都会给孩子零花钱。在孩子对零花钱的安排上，父亲并不作过多的干涉，孩子有自由支配的权利。在对钱的自律上，他儿子晓峰显得懒散得多。晓峰喜欢动漫模型，一存到了足够的钱，就会全拿出来买模型。

上课期间老师协助这位父亲分析过晓峰的消费习惯，晓峰的消费全凭自己喜爱，不懂克制，也没有理财的想法。如果放纵他这种消费习惯，在未来他可能就会是“月光族”。

在陈老师的指导下，父亲开始帮助晓峰树立正确的“钱意识”，并着手帮他养成良好的消费习惯。

以往每位家庭成员过生日的时候，都是爸爸买好生日蛋糕，大家一起庆祝。但是现在，爸爸改变了方式，采用“众筹”的方式买生日蛋糕，不管谁过生日，需要大家都拿出一份钱来买生日蛋糕。如果钱凑不齐，那么生日聚会就取消。生日聚会取消就意味着收不到生日礼物。

在晓峰即将过生日的时候，爸爸和妈妈爽快地拿出了他们的一份钱。轮到晓峰的时候，他急得脸通红，拿不出一分钱，因为他前不久又将钱用来买模型了。

晓峰特别想过生日，他跟爸爸商量，先借一点儿，以后用零花钱还给爸爸。但爸爸拒绝了他，并特地指出，他没有钱是因为胡乱花钱。最后，因为晓峰没能拿出自己的一份钱，他的生日聚会取消了，也没有收到礼物。

事后，晓峰很沮丧，情绪很低落。爸爸教导他，如果他能管理好自己的钱，不随意乱花钱，就能过生日了。晓峰知道，他没能过生日的原因在于自己。也因为这件事，他开始认认真真地管理自己的零花钱了，也不再将钱全拿来买动漫模型了。

有财商的孩子，会有正确的“钱意识”，也会有良好的消费习惯。

针对培养孩子的“钱意识”和消费习惯，陈老师有以下几点建议：

1. 让孩子体验困厄疲惫的日子。

“吃一堑，长一智”，当孩子体验到没有钱的困厄疲惫时，就会明白理财的重要性。比如，晓峰因为自己的原因没能过成生日，没能收到礼物，因此明白了理财的重要性。之后，他才会渐渐在消费的时候克制、节俭。父母想让孩子财商提高，可以先让孩子体验一番没有钱的困厄疲惫，有体验才会有感知。

2. 培养孩子良好的消费习惯。

孩子有良好的消费习惯，在购买东西时，才会衡量物品的价值，才会评估自己的消费能力。父母需要向孩子灌输正确的消费观念，同时也要以身作则，以自己的良好消费习惯给孩子做榜样。

3. 引导孩子对钱进行规划。

孩子的财商是否到位，可以观察孩子对钱是否有规划。因为，有财商的孩子，会仔细规划自己的每一分钱。想要培养孩子的财商，父母需要引导孩子对钱有规划。有了规划，才不会出现肆意消费的现象，未来的生活也不会过于困厄疲惫。

4. 区分“需要”和“想要”。

孩子的金钱花销分两种，一种是“需要”，即必需品，比如需要玩具，但是有很多玩具后，就不是必需品了，而是“想要”。“需要”可以满足，“想要”需要管理，如果孩子管不住自己“想要”的冲动，父母就要协助孩子管理。孩子有能力区分“需要”和“想要”，思考自己与钱之间的关系，对孩子的未来有着深远的影响。

财商教育：不再啃老

现今，社会上有一种悲哀的现象：部分大学生毕业后不找工作，或者自己的工作没有办法完全养活自己，需要依靠父母生活。这样的人群，被称为“啃老族”。

通常，“啃老族”身上有两个特点，一是衣食住行依靠父母，二是钱花得很快。他们喜欢钱，但不能与其形成良好关系，无法实现经济和精神的独立。他们与距离正确使用钱有一条无法逾越的鸿沟，因为无法与钱势均力敌，最后与钱渐行渐远。

是什么原因造成“啃老族”的出现呢？原因有很多，其中最重要的原因之一，是父母对孩子缺少财商培育。

孩子都会问父母这样一个问题：“我们家有钱吗？”

如果父母回答：“我们家很有钱，这些钱将来都是你的。”那么，孩子就会觉得，自己不用努力也能获得钱，并理所当然地认为父母的钱就是自己的钱。在这样的思想观念的影响下，孩子怎么能不成为“啃老族”呢？

如果父母回答：“我有钱，但你没有。我的钱是我通过劳动赚来的，你长大后也要通过劳动获得钱。”那么，孩子就会获知这样几个信息：我的爸爸妈妈有钱，但是钱是他们的；爸爸妈妈的钱不是平白得来的，是通过劳动得来的；我以后想要有钱，要通过劳动获取。在这样的思想观念的影响下，孩子就会以经济独立为目标而努力。

图 3　正确进行财商培育

同一个问题，两种回答，带给孩子的也将是不同的人生。而在这两种回答中，前者对孩子缺少财商培育，而后者则在对孩子进行财商培育。

如果更深层次地研究以上父母的两种回答，会发现前者的话透露出的是对孩子浓浓的溺爱。父母对孩子的溺爱是造成孩子成为“啃老族”的另外一个重要原因。

父母溺爱孩子，会无条件地满足孩子对物质的需求，令孩子对父母产生经济依赖，令孩子理所当然地认为父母是自己的“提款机”。这样的观念如果不及时纠正，就会伴随孩子长大，孩子也会渐渐成为一名“啃老族”。更为重要的是，孩子永远也无法拥有正确的财富观。

爱在我家训练营的学员丫丫妈妈曾分享她的经历。

在丫丫的成长过程中，曾对父母有很强的经济依赖感。妈妈发现后，及时地纠正了她的观点，并对她进行了财商培育。

在给女儿买衣服和鞋子时，妈妈都是以舒适、简洁为主，并且会设置一个价格区间，超过就不会购买。这也是在帮助孩子区分“需要”与“想要”，如果孩子特别想要，就要用自己的零花钱补差价。

有一回，妈妈带女儿去商场买鞋，女儿有自己的主意，不喜欢妈妈选中的款式。她自己挑选了一款，款式确实很好看，但是价格高了很多，就算女儿拿出所有零花钱，还是差了一些。

女儿对妈妈软磨硬泡，希望妈妈能帮她支付，但妈妈不为所动。因为妈妈知道，如果这个时候同意，就是对设定的经济原则的破坏，会助长孩子对父母的经济依赖感。当她脑海里产生“我钱不够，爸爸妈妈可以帮我”这样的念头后，那么以后每一次她钱不够时，都会找父母帮忙。

因此，妈妈非常坚定地拒绝了女儿，并强调了自己的原则。最后给了丫丫两个选择，一个是挑选一双自己能承受价格的鞋；一个是今天不买，回家继续存一段时间零花钱再买。女儿见妈妈不会动摇，选择了第一种方案。

这样的经历，会令孩子产生一种认知，妈妈是有原则的。这也会让孩子形成一种意识：量力而行地消费。这之后，丫丫很少再跟妈妈提出经济上的帮助，也很少违反与妈妈之间的其他约定。

不想孩子以后成为“啃老族”，父母就要对孩子进行财商培育，给孩子灌输正确的金钱意识，教他们养成正确的财富观。

在孩子的财商培育方面，李贺老师有以下几点建议：

1. 明确告诉孩子父母的钱是父母的。

在孩子小时候，如果父母向孩子灌输“爸爸妈妈的钱就是你的钱”这样的思想观念，孩子就会渐渐认为花父母的钱是应该的。这种思想很可能让我们的孩子成长为一名“啃老族”。

在孩子还小时，父母只需要满足孩子合理的物质需求，必须明确告诉孩子，父母的钱是父母的，与他们没有关系。在这种观念的长期影响下，孩子长大后才不会对父母产生严重的经济依赖。

2. 给孩子灌输“每个人必须通过劳动获得钱财”的理念。

孩子不知道钱是怎么来的，就不会对钱珍惜，也不会体谅父母的辛劳，长大后理直气壮地“啃老”。如果在孩子很小的时候父母就给他们灌输“每个人必须通过劳动才能获得钱财”的理念，孩子才可能懂得珍惜钱。

为了让孩子感受到父母挣钱的辛苦，父母可以给孩子创造“赚钱”的机会。可以带孩子体验劳动，孩子做了多少工作，就支付他们多少工资。当孩子通过自己的劳动获得金钱时，除了会对钱产生珍惜感，也会感知、理解父母赚钱的辛苦。

3. 在孩子面前父母要有原则性。

孩子会成为“啃老族”，很多时候，都是父母的妥协造成的。当孩子得到父母的第一次妥协后，就会尝到甜头，下一次依然会要求父母妥协。父母一定要坚守自己的底线。对于孩子一切不合理的要求，也就是对孩子“想要”的部分，进行管理，该拒绝时一定要拒绝，不要让孩子认为只要闹一闹父母就会妥协。

4. 培养孩子的理财习惯。

“啃老族”的花费通常会相对较大，因为大部分“啃老族”没有理财的意识，也没有理财习惯。父母要培养孩子的理财习惯，让孩子不乱花钱。这样也能减少孩子未来成为一名“啃老族”的可能。注意，这里的“理财”是广义的，既指投资理财，也指对钱有规划。

孩子就像一张白纸，父母在上面画什么，他就会变成什么样。父母从小培育孩子的财商，对钱有认知，对自己与钱的关系有思考，他才能成长为有财商的人。

财商教育：品质教育

一个博主曾分享一个发生在他与儿子之间的趣事：

博主的儿子 7 岁了，是一个小汽车迷，某天逛商场时，看中了一款玩具小汽车。博主有给孩子零花钱的习惯，但孩子此前已经将零花钱花光了，所以，他想问爸爸预支此后几个月的零花钱买玩具小汽车。

博主平时很注重孩子的财商教育，所以，孩子不是直接开口问爸爸借，而是写了一封想要借钱的凭据，收件人是“爸爸银行”。显然，孩子将爸爸当作银行，他想要向“银行”借贷。

对于孩子的借款请求，博主驳回了，他在回信上说：“很抱歉，我的客户，我不能批准你的贷款请求。因为，在审核你的账户后，我发现，你的花费基本都用在玩乐方面，且每个月都会花光所有钱，我有权怀疑你的还贷能力。此外，你的诚信点不足，答应别人的事总是做不到。如果你对本银行的决定不满，可以向‘妈妈部门’投诉。”

从这则趣事上，可以看到爸爸在孩子的财商培育上很用心，他除了告诉孩子与钱相关的知识外，还注重对孩子品质的培养。孩子能否与钱成为朋友，能否富足，不仅要有财商，也取决于心态和良好的品质。

何为品质？即一个人的行为或作风反映出来的思想、品行、认知。一个人品质的好坏与金钱是息息相关的。譬如，在向银行或他人借贷的时候，如果缺乏诚信，那么就会不予借贷；在赚取金钱的时候，如果懒散、懈怠，就可能被辞退；在消费观念上，如果不知道节俭，再多的金钱也会被花掉；在投资理财的时候，如果目光短浅，就会失去很多发财的机会；等等。可见，和与人交朋友一样，在和钱打交道这个问题上，品质教育尤为重要。

训练营中的一对父母有两个孩子，姐姐叫媛媛，弟弟叫晓峰，晓峰是一个收藏迷，热衷于收藏各种周边。对于这个爱好，父母并不反对，当然，父母也不会主动给晓峰买，晓峰只能用自己的零花钱买。

有一回，晓峰看中了一款新周边，在清点自己零花钱后，发现还有一点儿缺口。不过，他并没有直接开口问妈妈和爸爸要，因为孩子非常清楚，爸爸妈妈不会给他额外的零花钱。

让妈妈意想不到的是，没隔几天，晓峰就拿出了足够的钱，嚷嚷着让妈妈带他去商场。妈妈好奇地问晓峰钱是怎么得来的，晓峰告诉妈妈，他在自己的文具盒里发现了一张 20 元，是他以前放进去忘了拿出来的。

对于晓峰的话，妈妈并没有多怀疑，便带着他将周边买回来了。但是，两天后，媛媛的一声咆哮让家里炸锅了。媛媛说，她的储蓄罐里少了一张 20 块钱的人民币。

妈妈听完媛媛的话，不禁将目光放在了晓峰身上。晓峰眼神闪烁，神情慌张。妈妈知道媛媛不见了的钱一定是他拿走的。晓峰的行为，说是“拿”，其实是“偷”。他的行为让妈妈意识到，自己只顾着培养孩子的财商，忽略了对孩子进行品质培养。

妈妈严肃批评了晓峰的行为，晓峰也意识到自己的行为不妥，向媛媛道歉了。当然，为了让晓峰长记性，妈妈决定下个月不给晓峰零花钱作为惩罚，并且要把 20 元还给媛媛，晓峰坦然接受了。

在孩子成长过程中，财商很重要，但孩子的品质更为重要。父母想要孩子和钱和谐相处，不被钱束缚和制约，就需要对孩子进行品质教育。

父母需要注重培育孩子哪些品质呢？李贺老师有以下几点建议：

1. 诚实守信。

诚实守信是中华民族传承了几千年的优秀品质，不管是借贷、与他人合作，还是工作，诚实守信都非常重要。孩子拥有诚实守信这一品质，在未来他也能得到他人赏识，得到更多机会。在日常生活中，父母要给孩子灌输“诚实守信”的观念，督促孩子答应别人的事情一定要做到，不能撒谎，等等。让孩子养成诚实守信的习惯。

2. 理智消费，勤俭节约。

孩子和钱的关系，很大一部分是由消费观念决定的。想要通过投资理财实现财富增长，必须要有原始资金，积累原始资金很大程度是需要勤俭节约的。父母要引导孩子理智消费，给孩子灌输合理消费、不浪费、勤俭节约的消费观念。

3. 吃苦耐劳。

一个吃苦耐劳的人，能很好地处理好与钱的关系，拥有吃苦耐劳品质的人，在哪儿都会受到重用。培养孩子吃苦耐劳的品质，是在给孩子未来的生存状况打基础。父母不能溺爱孩子，要懂得放手，让孩子在挫折和困难中独立、成长。

4. 君子爱财，取之有道。

发财的方法有很多，但违反法律的不可取。如果孩子没有“君子爱财，取之有道”的品质，那么极有可能走向歧途。在给孩子介绍金钱时，父母要让孩子明白“钱不是万能的”，告诫孩子可以喜欢钱财，但是一定要清楚钱财的来路，一定要坦荡荡地和钱打交道。

5. 目光长远，抓住机会。

纵观拥有巨大财富的人，无一不目光长远，能抓住机会。譬如比尔·盖茨，他能够成为世界首富，就是放眼未来，在看到机会后，立即付出行动。父母需要从小提升孩子的眼界，让他们不能只贪图眼前的蝇头小利。

孩子一生中需要的品质远远不止这些，还需要有耐心、胆识等诸多品质。孩子每多一种优秀品质，人生的财富就会增长一分。父母在培养孩子财商时，也不要忘了培养孩子的良好品质。

财商教育：从独立劳动开始

父母都希望孩子有美好的未来，希望他们不用为金钱而奔波、烦恼。因此，很多父母会严格督促孩子的学业，甚至不让他们参与家务劳动，对孩子的事大包大揽。在父母眼中这些事都是浪费时间、浪费精力的。过于溺爱孩子的父母，也会将孩子的事都揽在身上。

父母包办会给孩子带来很多危害，其中之一就是使孩子无法独立。孩子在生活上都无法独立，又怎么能在经济上实现独立呢？无法实现经济独立，也就意味着财商无法提高。

我们需要知道，父母的大包大揽会令孩子产生依赖性，这种依赖，不只是生活上的，还有经济上的，甚至孩子有很大概率成为“啃老族”。缺乏独立性会令孩子在职场上无法立足，对自己的钱没有规划。即便拥有高薪职业，可能也没有良好的生存状况。

哈佛大学曾经就孩子的独立与财商的关系做过长达几十年的研究，研究结果显示，让孩子独立，参与劳动，获得的快乐比不劳动要多得多，并且，独立的孩子更能适应社会生活，能够赚取更多的钱。更为重要的一点是，独立的孩子对自己的钱有规划，会主动寻找适合自己的理财方式；独立的孩子和钱的关系是“平等的”，而不是成为钱的“奴隶”，最终可以实现财富增长。

父母想要培养孩子的财商，首先要做的是放手，让孩子独立。只有独立，孩子的财商才能得到提升。

坚坚老师的儿子特特小时候是一个很调皮的男孩，不过，他的调皮通常只在家人面前展示，遇到陌生人的时候，甚至会胆怯，这一点在他四五岁的时候尤为明显。

譬如，当他在家中和妹妹玩买卖游戏时，不管是扮演“商家”还是“消费者”，他总能扮演得惟妙惟肖。扮演“消费者”时，他会和商家讨价还价；扮演“商家”时，他会想方设法抬高价格，但是，让他真正去买东西时，表现远远不如在家的时候了。

从孩子的表现中，坚坚老师意识到，特特不敢独立买东西，与平时缺少独立能力的训练有关。特特性子比较急，使得他做事情总是粗心，在发现事情做不好时，就更加着急了，越发做不好。每每看到这种情形，奶奶都会情不自禁地帮他做。尤其是买东西的时候，奶奶见他不敢说或说不好，就会主动帮他。事实上，奶奶的帮助并不是真正的帮助，反而让特特产生了遇到困难依赖奶奶解决的习惯。

图 4　锻炼孩子独立的能力

后来，坚坚老师将培育特特财商的计划暂时搁置，先着重培养他的独立能力。最快培养孩子独立能力的方法，就是让孩子独立劳动。其间坚坚老师反复提醒奶奶放手。随着特特的独立能力提升，财商也得到了明显提升，比如，他能够独立完成购买，对自己的零花钱也很有想法和主见。

关于用独立的方式培育孩子的财商，坚坚老师有以下几点建议：

1. 孩子的事情让孩子自己做。

独立的第一步，就是自己的事情自己做。孩子在做自己的事情时，会形成边界感，渐渐形成“自己的事情不能麻烦父母”的认知，就会降低孩子长大后对父母产生经济依赖的可能。当自己的经济出现问题时，也会尽量靠自己解决。在日常生活中，父母不要总是随手帮助孩子做事情，要有意地留给孩子自己做，并且督促他。

2. 让孩子参与家务劳动。

有财商的孩子，通常责任感也很强，父母可以让孩子参与家务劳动，以此提升责任感。孩子在做家务劳动的时候，会意识到自己是家庭的一分子，要承担自己的那一份劳动。孩子有了责任感，财商也会随之提升。

3. 给孩子财务支配权。

父母想让孩子独立，不只是要让他们在家庭琐事、挫折困难上独立，更要让他们在经济上独立。父母要给孩子财务自由，给他们支配财务的权利。需要注意，在孩子支配财务时，父母要给予正确的引导，帮助孩子形成良好的消费观和理财观。

第二章

财商教育与财务自由

财商是一种与金钱打交道的能力。每一种能力都需要通过训练才能够得到提升，所以，培养孩子的财商，必须要给孩子实践的机会。

对孩子进行财商培育，一方面要帮助孩子建立好的理财习惯和观念，一方面要在生活实践中教他如何和钱打交道，比如，学会管理和支配自己的零花钱或压岁钱，学会消费、节约、赚钱和存钱等。在小时候，孩子就学会理财，有足够的财务自由，未来才能拥有创造财富的能力。

“钱意识”的重要性

从小不了解钱，就容易对钱失去判断，被钱引入歧途。

有这样一则新闻：

一个十多岁的孩子非常喜欢看直播，在半个月的时间里，打赏主播花费近10万元。这件事情被孩子的父母知道后，父母一边气恼孩子的行为，一边为讨回打赏而奔波。当时，有记者来到男孩的家中采访，问了男孩几个问题。

记者：“孩子，你知道你打赏了多少钱吗？”

孩子：“不知道，我没算过。”

记者：“你打赏主播的钱从哪里来的呢？”

孩子：“一部分是我自己的压岁钱，一部分是刷我妈妈的银行卡。”

记者：“你在打赏主播的时候，没有想过这些钱是爸爸妈妈辛苦赚来的吗？”

孩子：“我没有想过。”

新闻中的孩子花钱大手大脚，感受不到父母赚钱的艰辛，这是因为孩子没有“钱意识”，他对钱没有清楚的认知，不知道钱是什么，不知道钱的价值，更不知道如何运用钱。

这样对钱没有意识的孩子其实很多。想要判断自己的孩子是否有“钱意识”，父母不妨问他们这样一个问题：“你知道钱是什么吗？”

有位经济学家将“钱意识”分为五个层次，当孩子回答“钱是一张纸”时，那就说明，他对钱只有肤浅的认知，把金钱当作玩具，“钱意识”停留在第一层次；当孩子回答“钱可以换东西”时，那么他的“钱意识”在第二层次，对钱的认识很懵懂；当孩子回答“钱可以买东西”，并且有买卖行为的话，那么他的“钱意识”在第三层次，对钱的认知很浅薄；当孩子能回答出钱的多种功能，那么他的“钱意识”在第四层次；当孩子懂得运用钱达到增值的目的时，其“钱意识”在第五层次。

图 5　“钱意识”的五个层次

通常来说，当孩子的“钱意识”停留在前三层，说明他对钱的认识还不够。如果不提高“钱意识”，可能就会对父母产生依赖。

当孩子没有或欠缺“钱意识”，花钱的时候就会大手大脚。事实上，很多时候孩子并不是肆意消费，只是因为没有金钱观念，无法意识到自己的花费是否合理；没有或欠缺“钱意识”，还会令孩子意识不到“劳动可以赚取钱财”。这样的话，不管是在孩子小时候，还是长大后，当他们没有钱时，不会想着自己赚取，而是想着伸手问父母要，对父母产生经济依赖。

媛媛妈妈在女儿 3 岁的时候，就对她进行财商的培育，带她认识钱币的面值，告诉她钱币可以买东西，并带着她完成购买行为。这令她对钱有了一个基础认知，但是还没有产生更高层次的“钱意识”。

妈妈发现女儿缺乏“钱意识”，源于她的一次无理取闹。

媛媛非常喜欢芭比娃娃，有一回，妈妈带她逛商场，她看中了一款芭比娃娃，非常喜欢，并央求妈妈买给她。不过，妈妈拒绝了。

理由有两个：一个是女儿已经有很多芭比娃娃了，现在要买这个不是“需要”，属于“想要”；另一个理由是她看中的芭比娃娃是限量版，价格不便宜。妈妈将这两个理由说给女儿听，女儿依然闹着让妈妈买。即使妈妈说爸爸妈妈赚钱很辛苦，需要工作很久才能买下那款芭比娃娃，她也不肯罢休，就是要买。

女儿的无理取闹让妈妈明白，她对钱的意识还不够清晰。

如何帮助孩子建立更深层次的“钱意识”呢？李贺老师有以下几点建议：

1. 帮助孩子更全面地认识金钱。

认识钱，不仅是认识钱的面额，也要认识钱的由来、钱的用途、钱的购买力等。当孩子对钱有一个全面的认知时，才会更谨慎地花钱，才不会出现大手大脚的情况。

2. 让孩子明白钱是怎么来的。

关于“钱是怎么来的”这个问题，很多孩子的回答是爸爸妈妈或其他人给的。这其实是不准确的，如果不纠正孩子的想法，久而久之，他们就会认为钱十分容易得到，在花钱的时候也不会心疼。父母需要让孩子明白，钱是父母通过劳动赚取的。为了让孩子体验赚钱的辛苦，父母可以为孩子创造赚钱的机会，让他们切身体验赚钱的辛苦。当孩子感受到辛苦，就会明白钱来之不易，在花钱的时候也会再三斟酌。

3. 告诉孩子钱是私有财产。

不少父母会不经意地向孩子表露“爸爸妈妈的钱就是你的钱”，在这种观念的影响下，孩子可能会成为“啃老族”。如果父母不想让孩子长大后对自己有经济依赖，想让孩子经济独立，就要从小向他们灌输“钱是私有财产”的观念。当这个观念在孩子的脑海中根深蒂固，长大就不会想着向父母要钱。要让孩子清晰地知道，父母的钱父母可以随意支配，可以带孩子做一些公益，让孩子意识到以后父母的钱会用来做公益，而不是属于自己。

4. 引导孩子合理消费，建立理财意识。

人的消费方式是一种习惯，而习惯是可以建立和培养的。不想孩子肆意消费，父母就要给孩子建立正确的消费观，引导孩子合理消费。孩子只要不大手大脚地花钱，就不会对父母产生经济依赖。为了让孩子日后能经济独立，可以从小给他们建立理财意识，在教他们理财知识的同时，引导他们做一些金钱规划。

孩子小的时候，父母可以给他们经济上的援助，但是，当父母年纪大了，没有劳动能力和经济来源的时候，就无法对孩子的经济施以援手了。到了那时候，孩子该如何生存呢？所以，为了孩子以后能经济独立，要给他们树立更高层的“钱意识”，让他们正确认识钱，努力增加自己的收入，学会如何更好地用钱。

人格独立，从经济独立开始

从孩子出生在这个世界上起，他就是一个独立的个体，拥有独立的人格。很多父母在教育孩子时，会给予孩子十足的尊重，尊重孩子的想法和选择，给孩子独立生活的机会。不过，仅是这些并不能让孩子的人格实现独立，更为重要的一点是，给孩子经济上的尊重，给他经济独立的机会。

这里的经济独立，并不是让孩子独立生活，独立赚钱，这是不现实的。这里的经济独立，是让孩子有独立支配钱的权利。

在现实生活中，几乎每个孩子在过年的时候都会收到压岁钱，对于这些压岁钱，有些父母会让孩子自己存起来，有些父母会让孩子上交，前者是在给予孩子经济独立的机会。每个孩子平时都会收到父母给的零花钱，大多数父母会引导孩子花一点儿存一点儿。但是，在使用的时候，有的父母会给孩子充分的使用权，只要合理，就可以自由支配；有些父母则会剥夺孩子的使用权，勒令孩子只能存不能用。孩子不能自由支配自己的钱，又谈何经济独立呢？

父母需要给孩子经济独立的权利，帮助他们实现人格独立。因为孩子终有长大的一天，他们终会离开父母。到了那时候，他们需要独立用钱、赚钱。缺乏经济独立经验的他们，在理财上一定会一团糟，未来的生活会很艰难。

给孩子零花钱，是培养孩子财商的关键一步。

媛媛妈妈在女儿四五岁时，只是让孩子认识钱，但是没有给她零花钱的打算。首先，她觉得女儿的年纪还很小，其次，女儿的吃穿用度都被安排妥当，给她零花钱也没有什么用武之地。

后来，事实证明，妈妈的这种想法是错误的。因为，尽早给孩子零花钱，能尽早使孩子经济独立。

图 6　尽早让孩子经济独立

有一段时间，媛媛的外婆来家里住。有一回，外婆带媛媛去逛超市，她给了媛媛 20 块钱，并告诉媛媛，可以用这个钱买她想要的东西。媛媛拿着钱，一脸迷茫，完全不知道自己想要买什么。最后，她没有花掉外婆给她的钱，一直到回家的时候都将钱攥在手里，回到家看到妈妈后，想也不想，便将钱给了妈妈。

外婆将事情的经过告诉妈妈，妈妈意识到，媛媛在金钱上缺乏主见。导致她缺乏主见的主要原因是没有经济独立的机会。这件事之后，妈妈开始给媛媛零花钱，并引导她独立计划零花钱的使用。

当孩子缺乏主见、事事依赖他人时，意味着他还没有独立。而不能独立的孩子，其成年后的生活会十分艰难。

不给孩子经济独立的机会，还会给孩子的性格带来诸多负面影响。

会令孩子变得自卑、内向。在生活中，不少父母有给孩子零花钱的习惯，甚至鼓励孩子给自己“打工”赚取零花钱。但是，当孩子想要支配零花钱的时候，父母总会对孩子说“不行”“不可以”。这些话不只会扼杀孩子赚取零花钱的积极性，还会令他们陷入自我质疑，质疑自己赚取零花钱和存零花钱的意义，质疑自己要买的东西是不是合理。当孩子的自我质疑变多、变久了，就会自卑而内向。

会令孩子变得吝啬、自私。在什么样的环境中成长，孩子就会有什么样的性格。如果父母极其吝啬给予孩子零花钱、不准孩子随意花钱，孩子不会想父母这么做的原因，而只是看到父母吝啬的行为，这会让孩子极其看重钱财，变得吝啬而自私。这样一来，孩子和钱之间的关系会越来越糟糕。

有心理学家认为，尽早给孩子经济支配权，既有利于孩子日后独立，也有利于孩子的身心健康发展。

在孩子的经济独立方面，陈老师有以下几点建议：

1. 给孩子创造赚取零花钱的机会。

很多父母会有顾虑，给了孩子经济支配权，孩子会不会随意乱花钱？若是养成孩子花钱大手大脚的习惯，那就得不偿失了。其实，孩子花钱大手大脚，是因为他们不知道赚钱的艰辛。父母可以给孩子创造赚钱的机会。在劳动的过程中，孩子会发现钱来之不易，在花钱的时候，也就会再三斟酌。

2. 帮孩子树立正确的消费观和金钱观。

在孩子小时候，他的消费观和金钱观是一片空白的，父母需要引导他们树立正确的观念。父母要在孩子小时候，注意自己的言行，给孩子树立正确的消费观和金钱观做榜样。引导孩子改变对钱的态度，善待钱，珍惜钱，处理好和钱之间的关系。在正确的消费观和金钱观的影响下，孩子就不会乱花钱，也能明白钱的来之不易。

3. 给孩子自由支配零花钱的权利。

经济独立，不仅是给孩子创造赚钱的机会，也要给孩子自由支配财务的权利。在孩子想要用自己的零花钱购买某件东西时，只要合理，父母都不应该横加干涉。如果孩子的购买行为不合理，父母在阻止的同时，也要给孩子正确的引导，让孩子知道这笔钱不该花的理由是什么，协助孩子建立区分。

4. 培养孩子记账的习惯。

记账能够使孩子清楚地知道每笔钱的来源和去向，通过记账，能够培养孩子不乱花钱的好习惯，也会使孩子学会精打细算、当家理财。父母可以培养孩子记账的习惯，需要教导孩子如何记账，并帮助孩子完善账本。为了激励孩子记账的积极性，父母可以送孩子一本精美的记账本；对孩子坚持记账的行为给予奖励和表扬，等等。有了父母的鼓励，孩子才会再接再厉。

5. 培养孩子花钱后复盘实物的习惯。

孩子花钱后，父母可以与孩子一起进行复盘。哪一些钱可以花，哪一些钱可以不花，哪一些钱还可以有更好的花费方式，让孩子对每一笔钱的花销进行评估，形成理性的消费观。

树立财富意识更重要

钱是商品交换的产物，钱既可以买到人的物质需求，也可以买到人的精神需求。当然，钱并不是万能的，但是，没有钱也是万万不能的。每个人都希望自己能有许多的财富，父母也希望孩子未来能不为金钱烦恼。

怎样才能让孩子成为一个富有的人？

有一部分父母会努力赚钱，积累财富，等孩子长大后，便将财富给自己的孩子；还有一部分父母恰恰相反，他们不会将积累下来的财富给孩子，而是在孩子成长的过程中为孩子树立财富意识，让孩子未来通过自己的努力赚取财富。

相较于给孩子财富，让孩子自己赚取财富才是可取的。因为，父母给孩子的财富是有限的，如果孩子不懂得守财，终有一天，这些财富都会被败尽，到了那时候，不懂得赚取财富的孩子的生活必然是穷困潦倒的。相反，让孩子自己赚取财富，掌握了赚取财富的技巧，掌握了金融法则，那么就可以正确处理与财富的关系，让财富不断地向他聚拢。

孩子能否成为富有的人，不在于能得到多少钱财，而在于是否学会思考，是否树立财富意识。

巴菲特是一位非常富有的人，被称为“股神”。他从没有想过要将自己庞大的财富给自己的孩子，因为他知道，如果孩子没有财富意识，再多的财富也守不住。从孩子小时候，他就给孩子树立“我的钱不是你的钱”“财富需要自己赚取”的意识。

因此，巴菲特的儿子彼得在大学毕业后就开始独立生活。彼得喜欢音乐，组建了一个音乐室。尽管做音乐非常烧钱，但他从未想过从父亲那里拿钱。音乐室的所有费用都由他自己承担。与此同时，他还需要自己还房贷。

为了推广自己的音乐作品，彼得从他的父亲巴菲特那里拉到一笔投资，不过，他和所有的创业者一样，需要给投资者分红。彼得通过自己的努力，成了一名非常优秀的作曲家，他的作品也为他带来了源源不断的财富。

“授人以鱼，不如授人以渔”，给的鱼再多，终有吃光的一天，只有掌握了捕鱼技巧，才不会挨饿。父母不要总想着如何为孩子积累足够的财富，应该要想如何为孩子树立正确的财富意识，教他更多积累财富的秘诀。只有孩子有了财富意识，才能在未来独立行走，不为金钱烦恼。

爱在我家训练营的学员沐子爸爸曾分享他的经历。

在孩子还小的时候，如果父母工作很忙，会将孩子送去爷爷奶奶家住一段时间。

沐子从小就很黏爸爸，每一次去爷爷奶奶家她都很抗拒。到了爷爷奶奶家后，几乎每天都会给爸爸打好几个电话，眼泪巴巴地问爸爸什么时候接她回去。不过，有一次沐子去爷爷奶奶家后，连续四天都没有给爸爸打电话，最后还是爸爸打电话给她询问情况。

在电话中，沐子语气很轻松，并表示一点儿也不想爸爸。她说，爸爸妈妈是在工作，等工作赚到了钱，会给她买好吃好玩的，会给她买很多漂亮的衣服和鞋子。显然，这些话是爷爷奶奶为了安抚她说给她听的，而她用认真的语气说给爸爸听时，爸爸并没有放在心上。

图 7　孩子没有财富意识的表现

后来，父母工作不忙了，将孩子接回家。沐子一回到家，就吵闹着让爸爸给她买一款她心仪已久的玩具。

在此之前，爸爸每个月都会给沐子一笔零花钱，也明确告诉沐子，想要买玩具或是其他想要的东西，需要自己攒零花钱买。当爸爸将这一点重新强调时，沐子很不开心地质问爸爸："你和妈妈那么辛苦赚钱不都是为了我吗？为什么不给我买？"

从沐子的话语里，爸爸能够感受到，她并没有对财富形成正确的意识，并且对父母的经济产生错误的认知——父母的钱就是她的钱。

父母能给予孩子的财富是有限的，如果孩子没有财富意识，那么再多的财富也守不住。

父母如何树立孩子的财富意识呢？坚坚老师有以下几点建议：

1. 不要让孩子对父母产生经济依赖。

孩子问父母要钱，父母想也不想地就给；孩子想要买什么，父母从来不拒绝。久而久之，孩子就会对父母产生经济依赖，不能做到经济独立，更别提拥有财富意识了。父母想要给孩子树立财富意识，首先要切断孩子对父母的经济依赖感。孩子不依赖父母，才会自己赚取财富。

2. 从小给孩子形成"财富需要自己赚取"的意识。

父母会对孩子说："爸爸妈妈的钱，就是你的钱。"孩子就会真的认为父母的钱就是自己的钱，既不会有经济独立的想法，也不会有财富意识。

给孩子树立财富意识，最重要的一点，就是让孩子有自己赚钱的想法。父母要注意自己的言行，从小给孩子灌输"钱是私有财产"的理念，让孩子形成"财富需要自己赚取"的意识。

3. 培养孩子存钱、节俭的意识。

财富意识的核心是钱，有了钱，才会理财，才能实现财富的增长。钱是通过劳动赚取的，想要留住钱，必须懂得存钱和节俭。父母要培养孩子存钱、节俭的意识，而不是随意花掉。要从小引导孩子将自己的零花钱、压岁钱存起来；要引导孩子将钱优先花在紧要的地方。

4. 给孩子灌输“钱不是万能的”观念。

钱可以买到生活用品，可以买到精神上的享受，但是，钱不是万能的，世界上还有很多东西是钱不能买到的。为了让孩子树立正确的金钱观，父母要给孩子灌输“钱不是万能的”观念，告诫孩子“君子爱财，取之有道”。这样，孩子才不会成为财富的奴隶，未来不会为了钱不择手段。

5. 培养孩子的理财观念。

有财富意识的人通常以实现财富增长为目标。如何实现财富增长呢？一是通过劳动赚取财富，二是通过理财以钱生钱。想要孩子快速觉醒财富意识，父母需要从小培养孩子的理财观念，并给孩子实践的机会。

钱是孩子实现人生独立和自由的必要工具，得到它，不会用，结果也只能失去。想要孩子未来不再为金钱担忧，父母应该尽早为孩子树立财富意识，在小时候教会孩子赚钱、存钱、花钱、投资与理财的相关知识，让孩子从小养成理财习惯，懂得合理使用钱，懂得思考财富的积累之道，在未来，他的经济状况自然会更加积极向上。

趁早体验没钱的感觉

为金钱担忧的人很少能关注其他事物，换句话说，如果孩子在将来为金钱担忧，那么就没有精力关注事业、爱情、理想等方面的情况。父母要尽早培养孩子的财商，教会他通过自己的努力实现经济独立，培养他在未来赚取足够财富的能力，这样才能更好地生活。

可以让孩子尽早体验没钱的感觉，知道钱的来之不易，进而珍惜钱和重视钱。

爱在我家训练营的一个学员有一段时间成天唉声叹气。李贺老师问她遇到了什么烦恼，她说，她的孩子最近花钱大手大脚，每次钱花完了，

图 8　让孩子趁早体验贫穷

都哭着闹着问她要，让她特别烦恼。

想要纠正孩子花钱大手大脚的习惯其实很简单，就是让孩子体验没钱的感觉。

曾经另一个学员媛媛妈妈就有这样的烦恼，她就是用这个办法纠正了孩子花钱大手大脚的习惯。

媛媛在上小学的时候，有几个好朋友，为了维护友谊，她时常用自己的零花钱请几个朋友吃零食。孩子将一部分零花钱用于社交，妈妈是不反对的，但是有一段时间，媛媛几乎将所有零花钱都用于社交，这让妈妈警惕，也很不赞同。

在一次复盘花销的时候，妈妈开始协助女儿区分，真正的朋友不是酒肉朋友，不能靠花钱维持朋友关系。但是女儿那段时间已经养成了有钱就花的习惯，根本听不进去妈妈的话。每次拿到零花钱后，还是任意消费。为了让媛媛不再乱花钱，妈妈开始有意让她尝尝没有钱的滋味。

首先她和孩子明确，目前她管理金钱的能力还有待提高，很多东西是“想要”，而不是“需要”，既然她控制不住自己，父母就只能协助管理，这是妈妈之前和孩子的约定。妈妈断掉了她当月的零花钱；其次，妈妈鼓励她通过劳动赚取零花钱。

因为没有零花钱花，女儿很难受。她的一些手工制作的材料快要用完了，因为没有零花钱买，她不得不将就用着。她越发意识到钱的重要性。

此外，她通过劳动“打工”赚零花钱时，辛苦的付出也让她明白了钱来之不易，懂得了应该珍惜钱。

现今，很多孩子都是在“4+2”模式的家庭中成长，即孩子在爷爷奶奶、外公外婆四个老人，以及爸爸妈妈两个大人身边成长。这样的成长环境，对孩子来说，无疑是甜如蜜糖的。

在物质上，祖辈与孩子相处时，会格外溺爱孩子，所有好东西统统留给孩子，对于孩子的要求也会想方设法地完成。而父母因为工作关系陪伴孩子的时间有限，也常常会用物质表达自己对孩子的爱。

在金钱上，孩子从来不缺钱花。每当孩子没钱了，向祖辈要钱时，祖辈都会答应，甚至不等孩子开口，就会主动给。尤其在过年的时候，祖辈都会给孩子包一个大大的红包。有的父母也认为孩子的零花钱微不足道，不特别在意，甚至有时候让孩子自己从家中的零钱罐里拿。

孩子在物质条件优越且从不缺钱花的环境中成长，未来能实现经济独立吗？基本不能。

当孩子不缺钱，他在花钱的时候，就只会凭着喜好来买，大手大脚。在孩子眼里，他的钱取之不尽、用之不竭，又怎么会知道钱来之不易呢？又怎么会产生理财的想法呢？

不缺钱花的环境还会削弱孩子解决困难的能力，使孩子缺乏受挫力。钱虽然不是万能的，但对孩子来说，他们很多烦恼、困难都可以靠钱解决，这会令孩子逐渐丧失解决困难的能力。当有一天，孩子发现钱解决不了他当前的困难时，就会无法应对，且一向顺风顺水的他们会很难接受不好的结果。

可见，让孩子长期处在不缺钱的环境中，他们感受到的甜，是糖衣炮弹的那层糖衣。即使炮弹裹着一层糖衣，也依然有很强的杀伤力。如果孩子对金钱满不在乎，更不懂得珍惜和利用，结果则是在未来更容易被钱影响心态、情感和行为。

为了孩子日后能在经济上独立，父母要让孩子体会财政紧张的感觉。

在让孩子体验财政紧张的感觉方面，李贺老师有以下几点建议：

1. 不过度给孩子零花钱。

父母该不该给孩子零花钱？当然要给。不给孩子零花钱，可能会使孩子日后格外看重金钱，这种看重会给孩子带来诸多负面影响，譬如会令孩子在金钱上变得自私自利；会令孩子为钱不择手段；会令孩子抗拒投资理财，等等。所以，应该给孩子零花钱，但是不能过度。

每个月给孩子固定的零花钱，当孩子将零花钱用完了，再次开口向父母索要时，父母就要拒绝。父母的应允可能会令孩子对父母产生经济依赖，这非常不利于孩子日后的经济独立。

2. 拒绝孩子不合理的购物需求。

孩子越小，自我控制力越弱，比如看到什么就想要什么。当孩子向父母提出购物需求时，父母想也不想就买下，会令孩子错误地认为钱来得非常容易，也会对父母产生强烈的经济依赖，日后会很难做到经济独立。

对于孩子的购物需求，父母不能全都答应，对于那些不合理的要求要明确拒绝。在拒绝的时候，可以向孩子灌输“你想要，长大自己赚钱买”这样的观念。父母的拒绝不只会让孩子形成良好的消费观，也会让孩子产生“需要经济独立”的思维模式。帮助孩子区分“需要”和“想要”，需要的可以满足，想要的需要管理，如果孩子自己控制不了，父母需要协助管理。

3. 给孩子创造“一分钱难倒英雄汉”的情景。

当孩子在急需用钱的时候，没有钱可用，会令孩子瞬间意识到钱的可贵。父母可以给孩子创造“一分钱难倒英雄汉”的情景。

譬如，父母可以在孩子的零花钱花光了的时候带他们逛商场，在孩子遇到心仪的商品后，父母可以用“你的零花钱已经用光了”来回应；在孩子给朋友、同学购买生日礼物时，如果他的零花钱已经用完了，向父母开口预支零花钱或要求父母替他们购买时，父母可以拒绝。这样急需用钱的场景，也会令孩子明白“钱要用到对的地方”的道理。

4. 给孩子提供“打工赚钱”的机会。

让孩子知道钱来之不易的最快、最有效的方法，就是让孩子独自赚钱。当孩子在赚钱的过程中，产生辛苦和艰难的感觉，就会对钱倍加珍惜，不会再肆意消费，也能体会到父母赚钱的不容易。父母可以给孩子提供打工赚钱的机会。可以制定一个“打工清单”，孩子每完成一件事，就相应地给孩子多少钱。

听听大富翁的故事

每个孩子都喜欢听故事，尤其是精彩的故事，孩子会对故事中的人物产生共鸣，学习到主人翁身上积极向上的精神，从而影响自己的思想、观念和言行。在现实中，当孩子遇到困难，会不自觉地用故事中主人翁的精神激励自己，积极应对困难。

只要故事讲得好，就可以给孩子带来积极的影响，并且，这个影响可能存在一生。想要让孩子日后在经济上独立，或是想让孩子形成正确的金钱观，父母可以尝试用故事来启迪。

父母可以给孩子说一说大富翁的故事，讲讲他们是如何和钱打交道的。孩子在听的过程中，就会学习到大富翁身上的精神和金钱观，学会聪明地去使用钱。

马克·艾略特·扎克伯格是社交网站Facebook的创始人兼首席执行官，他是全球最年轻的亿万富豪。这位富豪的生活很节俭，并拿出许多钱做慈善。扎克伯格能够在这么年轻的时候就发家致富，且有一个积极向上的金钱观，与他小时候听的大富翁故事息息相关。

扎克伯格出生于纽约的一个犹太人家庭，从小就表现出写程序的天赋。他的父亲见他对写程序非常感兴趣，就为他聘请了专门的老师。这位老师非常崇拜苹果公司的联合创始人史蒂夫·乔布斯，他在教扎克伯格编程时，经常和他说乔布斯的发家史、管理理念、金钱观等等。

乔布斯的故事令扎克伯格对他产生了强烈的崇拜感，他立志以后也要成为一名像乔布斯一样的人。扎克伯格在创办 Facebook 后，很多管理理念就是受到乔布斯的影响。更为重要的是，他的金钱观也受到了乔布斯的影响，成为一个节俭且热衷于慈善的人。

大富翁之所以能够积累到很多的财富，是因为有运气、有财商、有眼光，其中财商是主因。每一个大富翁都对金钱有独特的看法，他们都把钱当成生产资料，合理规划使用。如果这些看法和思想能够对孩子产生积极向上的影响，能够帮助孩子实现经济上的独立，那么就都可以说给孩子听，以此来激励孩子。

爱在我家的学员雅雅妈妈曾分享她的经历。

随着孩子的成长，需求也一点点变大，妈妈给女儿的零花钱时常不够花。

女儿常常向妈妈抗议，要求增加零花钱。不过妈妈选择了拒绝，并告诉女儿，想要获得额外的零花钱，可以替妈妈“打工”，用劳动换取零花钱。女儿长大一点儿后，经常帮忙整理文件，录入电子版，还因此练就了很快的打字速度。

雅雅刚开始听到“打工”时，非常抗拒，跟妈妈说了很多，总结她抗拒的原因主要有两点：首先，觉得自己还小，根本不能打工；其次，认为爸爸妈妈给她零花钱是应该的。

为了说服孩子用劳动来赚取零花钱，妈妈说了洛克菲勒家族的故事。

洛克菲勒家族是有名的富豪家族，家族创始人老洛克菲勒从小就靠自己的劳动赚取零花钱，干过很多又脏又累的工作，并攒下了一大笔钱。当他看到商机后，将他赚取的钱当作创业基金，并大获成功，一点点积累

图 9　给孩子讲大富翁的故事

下庞大财富。

妈妈还强调，即使洛克菲勒家族富可敌国，但是他们家族里每个孩子都需要通过自己的劳动赚取零花钱。

妈妈说得很生动，雅雅也听得聚精会神。故事说完后，雅雅问了很多关于洛克菲勒家族的问题，后来也不那么抗拒用劳动来赚取零花钱了。

父母在与孩子沟通时，不能只是简单说同意或者不同意，而应该在沟通中区分、引导，多讲故事、少讲道理，情节丰富跌宕的故事更有代入感，可以帮助孩子更好地建立区分，提升认知。

用大富豪发家致富的故事帮助孩子实现经济上的独立是有用的。

在用大富翁的故事来激励孩子时，陈老师有以下几点建议：

1. 根据孩子金钱观中的不足讲故事。

金钱观虽然是一种观念，但是它涵盖的范围很广，父母发现孩子的金钱观在某个方面有所欠缺，那么就要讲能够提高所欠缺方面的故事。

譬如，孩子喜欢攀比，热衷购买名牌或奢侈品，在说大富翁的故事时，可以挑选节俭、朴实的大富翁故事，在说的时候，也要侧重大富翁节俭、朴实的方面。大富翁的故事能够使孩子产生崇拜心理，在崇拜心理的促使下，孩子的言行就会不自觉地朝崇拜者靠拢，渐渐改掉自己的不足。

2. 讲故事时要取其精华，去其糟粕。

世界上没有人是十全十美的，大富翁也不例外，他们身上也有缺点，也有不那么积极的观念。在讲述大富翁的故事时，父母要取其精华，去其糟粕，只讲述那些能对孩子起到积极向上作用的故事。

3. 引导孩子总结故事中积极向上的观念。

大富翁的故事都是曲折起伏的，孩子在听的时候会热血沸腾、聚精会神，听完后会意犹未尽。但是，孩子鲜少能自己总结故事中积极向上的观念。孩子不总结，故事就不能给孩子启迪。父母每一次在给孩子说完故事后，要帮助、引导孩子总结故事中积极向上的观念，这样才能帮助孩子提高。

人对于成绩斐然的人，都有一种莫名的崇拜，会不自觉地向崇拜的人学习。父母要多给孩子说一说大富翁的奋斗史，让他们知道大富翁是如何培养金钱意识的，以促使孩子日后能够做到经济独立。

第三章

父母是孩子的财商老师

父母就像孩子的镜子，什么样的父母教育什么样的孩子。许多父母自己的财商不足，不知道存钱，只知道“买买买”，不理财，甚至是“月光族”，财务状况一塌糊涂，那么孩子的财商也会非常低。

想让孩子处理好和钱之间的关系，父母需要先提升自己的财商，树立正确的金钱观念，为孩子做榜样。

父母需要先提升自己的财商

亿万富翁并不令人钦佩，世界上，每天都可能会诞生亿万富翁，也同样会有亿万富翁破产。真正令人钦佩的，是那些能够守住亿万家财且能够让钱继续生钱的亿万富翁。能否守住钱财、让钱向自己聚拢的关键，在于是否拥有足够的财商。

在了解财商对孩子的重要性后，很多父母会迫不及待地想培育孩子的财商。但是，仅仅是对孩子进行财商培育，真的能提高孩子的财商吗?

孩子的财商与所处的环境息息相关，父母的财商也对其有直接影响。当父母拥有极高的财商，孩子的财商也能得到提高；当父母的财商不足，孩子的财商就很难得到提高。

爱在我家的一位学员父亲是一个很节俭的人，但也是一个只专注于单一的银行储蓄的“理财盲”。有一回，他和女儿一起逛街，女儿看中了一个玩具，要爸爸买，他对孩子说：“宝贝，我们家没有钱，等存到钱后再买，好不好？”孩子依依不舍地放下了玩具。

父母不给孩子乱买东西是对的，但是，他向孩子灌输的信息是不利于孩子财商发展的。他告诉孩子家里没有钱，需要存钱，这会令孩子过早成熟，承受这个年纪不应该承担的负担，还会令孩子思维固定，认为钱是存出来的。所以，没有财商的父母，不仅不能帮助孩子提高财商，还会让孩子的理财观念向自己靠拢。

在培育孩子财商之前，父母需要先检验自己的财商水平。

通常来说，财商不足，会有以下一些表现：对钱没有规划；从来没有记账的习惯；买东西时从不考虑自己的消费能力；认为钱少用不着理财；在投资理财时，盲目相信他人；等等。但凡有这些表现，就表明父母的财商也需要提高了。

老师之所以可以成为老师，是因为老师掌握的知识在一定程度上高于学生。父母在培育孩子的财商时，也等同于老师和学生的关系，只有父母的财商高于孩子，才能培育出一个高财商的孩子。如果父母的财商不足，就需要先给自己的财商“充值”，才能培育孩子的财商。

爱在我家训练营的伟伟爸爸曾分享他的经历。

每年春节时，父母都会给伟伟压岁钱。因为孩子还小，压岁钱并没有太多，伟伟以往都会存起来。有一年，父母带孩子回老家过年，老家有很多和儿子年纪差不多的孩子，他们时常约着一起去附近的超市买烟花、零食等。

春节期间，伟伟玩得很开心，等春节快结束时，爸爸很随意地问他，花了多少钱？还剩多少钱？伟伟支支吾吾说不上来，将兜里的钱拿出来数了一遍才告诉爸爸答案。之后，爸爸又问他买了什么？分别多少钱？孩子没有记账的习惯，已经不记得买了什么，更别说东西的价格了。

因为这件事，爸爸意识到伟伟对钱的收入和支出没有准确的认知。如果继续下去，长大后也对钱不清不楚的话，就更不会理财了。因此，爸爸从那时开始培养伟伟记账的习惯。

为了帮助伟伟记好账，爸爸特地研究了一番记账方式，最终找到了一套较为科学的记账方式，并自己使用了一段时间。因为爸爸明白，只有自己的方法是科学有效的，再教给孩子的时候，才能更准确，孩子的财商才能因此得到提高。当伟伟养成了记账的习惯后，对自己的收支有了更准确的认知。

父母的财商能直接影响孩子的财商，父母的财商不足时，比如，在钱的问题上迷茫，不懂合理地花钱，一定要及时提高自己。

图 10　父母需要先提升自己的财商

对于父母需要提高自己的财商方面，陈老师有以下几点建议：

1. 审查自己在财商上的不足。

擅长理财的人，不一定有好的消费习惯，有好的消费习惯的人，不一定懂得理财。在财商方面，几乎每个人都存在不足之处。如果孩子受到父母的不足之处的影响，也会形成短板。父母需要审查自己在财商方面的不足，针对不足之处有目的地学习。父母的财商在线，孩子的财商才能提升。

2. 不盲目培育孩子的财商。

很多父母在培养孩子的财商时会盲目跟风，罔顾孩子自身的具体情况。譬如投资理财，风险大、利润高的理财方式并不适合每一个孩子。像胆小、马虎、心理承受能力弱的孩子就很不适合理财，因为当孩子将钱投进去后，他们会一直提心吊胆，一旦亏损严重，就可能会令他们心理崩溃。不过，胆大、心细、心理承受能力强的孩子适合高风险、高利润的投资理财方式，因为不管结果如何，他们都能坦然接受。因此，父母在培养孩子财商时，不要盲目培养，需要结合孩子的自身情况。

3. 随时给自己的财商充电。

时代在变化，理财技巧也在不断更新、进步。父母的目光需要放长远，这样才能令孩子的目光长远。父母要随时给自己的财商充电，多多学习。

父母是孩子的启蒙老师，只有父母有财商，才能教授孩子。父母想要培育孩子的财商，得先提高自己的财商。

为孩子亲身示范“节省”

现今，很多家庭都是独生子女，即便家庭的经济条件不好，也不会苛待孩子。因此在大部分孩子身上总存在一些铺张浪费的现象，譬如，吃东西时总是吃一半扔一半；对某个玩具玩厌烦后，就将其丢弃；看中某个东西时，从不会考虑价格高低，哭闹着要爸妈买……

孩子的这些行为，都是不懂得节省的表现。小时候不懂节省，走上社会后，在缺乏经验的情况下，自然也无法存钱，无法用钱来理财和投资，最后导致在经济独立方面存在很大障碍。

勤俭节约是中华民族的美德之一，父母在教导孩子的时候，肯定希望孩子继承这一美德，可能也不厌其烦地对孩子说了无数次要勤俭节约的话。但是，孩子为什么做不到呢？可以从父母身上寻找一下答案。

父母是孩子的镜子，孩子的一言一行都或多或少地受到父母影响。在生活中，如果父母时常在孩子面前展现“不节省”的行为，那么孩子学到的也是“不节省”。父母不妨想一想，自己有哪些“不节省”的行为呢？

在洗脸的时候，打开水龙头让水一直流；在出门的时候，不知道随手关灯；在服饰上，只要不流行了，就将仅穿过几次的衣服压箱底；在看到喜欢的东西时，不考虑自己的经济实力能否承受，先想方设法买到……这些行为在生活中并不起眼，但都是“不节省”的表现。父母的这些行为，孩子看在眼里，记在心里，自然就养成不了节省的习惯了。

在金钱方面，很多时候孩子花钱大手大脚，不懂节省，其实是受到了父母不节省行为潜移默化的影响。如果父母都不能节省，又如何要求孩子做到呢？可见，父母的不节省行为其实不利于培育孩子的财商。

财商非常注重言传身教，父母想要培育孩子节省的习惯，在生活中要注意自己的言行，向孩子展现自己的节省。

一个学员分享她的经历。

小女孩都爱漂亮，她的女儿嘟嘟也是如此。嘟嘟很喜欢漂亮裙子，小时候，她每天最开心的事，就是穿上漂亮的裙子在小区里溜达，稍微长大一点儿后，只要不是在学校，她都会穿裙子。

随着年龄的增长，嘟嘟越来越有自己的想法。每次逛商场看到好看的裙子她都会撒娇让妈妈给她买。妈妈见她穿上确实好看，便买了。但妈妈最近发现了一个问题，有的裙子嘟嘟只穿过几次，便再也不穿了，但对买新裙子却很执着。

很显然，嘟嘟的行为是铺张浪费，如果不纠正这个习惯，未来她步入社会后，赚再多的钱也存不住。于是，妈妈计划向女儿言传身教，先展示自己的节省。

妈妈说服嘟嘟帮自己整理衣柜，妈妈告诉嘟嘟，自己也有许多漂亮裙子，这让嘟嘟立即对整理衣柜有了兴趣。

整理的时候，嘟嘟看见一件裙子就会在自己的身上比试，并问妈妈好不好看。妈妈每次说好看，同时告诉女儿，这件裙子是什么时候买的，已经穿了多少年了。当嘟嘟听到有些裙子已经是六七年前买的时，露出了震惊的表情，她问妈妈，裙子已经买了这么多年了，为什么还要继续穿？妈妈认真地告诉嘟嘟，这些衣服都保存得非常好，既没掉色也没破损，当然可以继续穿。

嘟嘟看到妈妈的节省后，那些她不想穿、压箱底的裙子，被重新拿出来继续穿了，也渐渐不再执着于买新裙子了。

在孩子的成长过程中，父母是孩子的启蒙老师，也是孩子最好的榜样，父母节省，孩子也能跟着学会节省。

在父母给孩子示范节省方面，李贺老师有以下几点建议：

图 11 父母要亲身示范节俭

1. 父母的节省要有度。

“水满则溢，月满则亏”，当父母给孩子展示的节省刚刚好时，可以给孩子带来积极向上的影响；当父母给孩子展示的节省超出尺度，带给孩子的就会是负面影响。譬如，如果父母为了节俭而爱占小便宜、斤斤计较，孩子在学到节省的同时，也会沾染上爱占小便宜、斤斤计较的习惯。如果父母过于节省，会让孩子开始质疑家庭的经济条件，甚至会让孩子有“自己不配得到”的想法，令孩子没有自信心，变得自卑。父母可以向孩子展示节省，但是切记是节约，而不是过于节省。

2. 从细节上给孩子示范节省。

细节容易被忽视，但正是细节的汇少成多，才能带来大的改变。父母不能只是向孩子说教要如何的节省，应该利用生活中的小细节向孩子亲自示范如何节省。因此，父母需要自省，时刻注意自己的一言一行。

3. 让孩子明白节省的意义。

虽然孩子年龄小，但是，当父母用心和他们讲道理时，他们也能听懂。父母在教导孩子节省时，要告诉孩子节省的意义。譬如，在节省用钱上，父母可以告诉孩子，现在他使用的每一分钱都是父母辛苦劳动赚来的，浪费钱就是浪费父母的辛劳。为了让节省的行动更有意义，父母可以跟孩子约定，节省出来的一部分钱捐给慈善机构，帮助那些更需要帮助的人。当孩子明白自己的节省是有意义的，才会善待钱，也有动力节省。

4. 节省不是抠门，谨防走入误区。

父母要注意与孩子区分节省和抠门的不同，虽然都是“省”的态度，但是在本质上，却有着很大区别。节省是指不浪费，抠门是指不愿意。父母需要注意，节省不是抠门，千万不能让孩子走入误区。如果父母给孩子展示的是抠门，那么孩子的金钱观将是自私自利的。

5. 对孩子节省的行为给予肯定。

节省是定力，是自我控制力，也是一种品格，每个节省的人都是值得敬佩和肯定的。所以，父母要对孩子节省的行为给予充分的肯定和鼓励。

父母的肯定和鼓励能够使孩子获得自豪感和满足感，令孩子更有动力保持节省的习惯。

为孩子树立正确的消费观

钱是流动的，会来也会走。如果只想省钱、存钱，钱的流动就无法维持健康状态。所以比起单一储蓄，更要懂得如何消费。

消费可以满足人的很多物质需求和精神需求。但是，父母还是要问自己：有多少次消费是不理智的？这样的消费习惯，是否能久远？

在购物狂欢节的时候，因为商品折扣力度大，购物车里放了一堆不需要的东西，最后超出预算；一件衣服，因为别人穿好看，自己也忍不住买同款；在听到别人说“你买不起”这样的话后，赌气买下超出自己经济能力范围内的商品……这些行为，其实都是不理性的消费行为，是不正确的消费观念。在父母错误消费观的影响下，孩子怎么能树立正确的消费观呢？

在孩子小时候，他的消费观念是空白的，孩子会通过观察父母的消费习惯，潜移默化地填充自己的消费习惯。仔细观察就会发现，如果父母有爱买奢侈品的习惯，孩子就会对奢侈品异常感兴趣；当父母消费时从不讨价还价，孩子也不会有讨价还价的行为；当父母总是购买自己不需要的东西时，孩子也会看到什么就想买什么，从不思考自己是否真的需要。

孩子需要有一个正确的消费观。正确的消费观能促使孩子身心健康，快乐地成长，也能使孩子日后更好地实现经济独立。父母的理智消费是孩子树立正确消费观的关键。父母不能只是一味地说教，而需要在孩子面前展现理性消费的一面，孩子才能潜移默化地建立正确的消费观。

爱在我家训练营的奇奇妈妈曾分享她的经历：

她的儿子奇奇喜欢动漫，有很长一段时间，他的零花钱几乎都用在买卡通玩具上，甚至在自己零花钱不够的时候主动问爷爷奶奶要零花钱。尽管父母不断跟老人说不要随便给孩子零花钱，但效果不大。

后来，妈妈参加了爱在我家“卓越种子·未来财星”训练营后，明白了想要让孩子不乱花钱，不给零花钱是治标不治本的，想让他不在自己喜欢的事情上过度消费，还得让孩子树立正确的消费观。因此，父母开始

图 12　父母要为孩子树立正确的消费观

有意识地在孩子面前展示正确的消费观。

父母带孩子去商场时，妈妈会在化妆品专柜待很久，并对某些商品露出想买的表情；爸爸会去电子产品专柜待很久，并跟孩子介绍电脑、手机的功能、配置，表示自己很想买。

但是爸爸妈妈最后都没有买，只是买了一些日常需要的东西。奇奇忍不住问爸爸妈妈为什么不买喜欢的化妆品和电子产品？

爸爸妈妈回答说："我们确实很喜欢这些，但是对于喜欢的东西，一定要量力而行，如果超出了自己的经济能力范围，就要压制购买的欲望。"在父母坚持不懈的言传身教下，奇奇也慢慢学会控制自己的购买欲，消费观慢慢走上正确轨道。

父母想要孩子树立正确的消费观，就要自己先树立正确的消费观。

关于树立正确的消费观方面，坚坚老师有以下几点建议：

1. 量入为出，适度消费。

在消费前，思考是不是自己需要的？自己的经济能力是否能够承受？如果有否定项，就不要购买。在消费的时候，要做到量入为出，适度消费，把消费控制在自己经济承受能力的范围内。

2. 避免盲从，理性消费。

看到别人买，自己也想买，这种消费观念是盲从的、不理智的。在盲从心理的驱使下，消费时就不会思考自己的需求、经济承受能力等。赌气消费、攀比消费等，也都属于盲从消费。在消费的时候，要避免盲从，认真思考该不该消费。

3. 保护环境，绿色消费。

人类作为生活在地球的一员，有义务、有责任保护地球环境。如果地球环境出现问题，每个人都会受到波及。在消费的时候，要做到保护环境，绿色消费。比如，在外出购物的时候，自带环保袋；在外出吃饭时，拒绝一次性餐具；等等。

4. 勤俭节约，艰苦奋斗。

在消费的时候，购买的东西不能超出使用量，买多了用不完，就是铺张浪费。浪费的不仅是物资，还有金钱。在消费的时候，要养成勤俭节约的习惯，向孩子展现艰苦奋斗的一面。

孩子的习惯，绝大多数源于对外界的模仿，父母作为孩子接触最多、最亲密的人，自然成为孩子的首选模仿对象。因此，父母想要为孩子树立正确的消费观，一定要先注意自己的消费习惯，做到理性消费。

允许孩子参与家庭收支分配

在生活中，很多父母都会遇到这种情况，外出购物时，预算已经封顶了，而孩子还是哭闹着，既想买这个又想买那个，即使和孩子说明钱已经超支了，孩子还是不依不饶。

孩子为什么听不进父母的解释呢？

“不当家，不知道柴米油盐贵”，孩子不当家，自然不知道家庭的收支情况，也不明白什么叫超出预算，超出预算意味着什么，才会哭着闹着非要继续买。

家庭理财是经营好家庭的重要环节之一，需要每一位家庭成员配合。孩子作为家庭成员，想让他配合家庭理财规划，就需要先告知他家庭的收支情况，这样他才能意识到家庭理财的重要性。

父母可以尝试让孩子做小掌柜，允许他参与家庭收支的分配。

让孩子参与家庭收支分配，可以给孩子带来很多有利影响。

能提高孩子的财商。孩子参与家庭收支分配后，能够意识到父母赚钱的艰辛，继而珍惜每一分钱。同时会建立起“消费要理性”“钱需要合理规划”等积极向上的金钱观。

能够增强孩子的责任感。让孩子参与家庭的收支分配，能够培养孩子的主人翁意识。当孩子的主人翁意识觉醒后，就会产生强烈的责任感，配合家庭理财计划。这股责任感也会延伸到孩子的生活之中，让孩子成为一个勇敢、有担当的人。

很多父母可能会质疑，让孩子参与家庭收支分配，年幼的他们能否看得懂收支？能否对收支进行合理分配？让孩子参与家庭收支分配，不是全权交由他们去做，而是听取他们的建议，向他们公布家庭的收支分配信息。只要让孩子参与其中，都会令他们的财商进阶。

在爱在我家“卓越种子·未来财星”训练营一对父母分享了他们的经历。

父母对家庭的收支分配有详细的计划，在支出上，大部分是伙食费，小部分是生活用品。在伙食这一块，妈妈又根据情况对每天的支出做出了具体规划。不过，在很长一段时间里，伙食费总是超支，原因在于家里的两个孩子。

妈妈一般根据当天的伙食费来买菜。但是，随着孩子年龄的增长，哥哥和妹妹都有了各自爱吃的菜，如果有爱吃的菜，就会胃口大开，如果没有爱吃的，就一点儿不吃。而且两个孩子免不了比拼，只买哥哥爱吃的，妹妹就会生气，只买妹妹爱吃的，哥哥也会不开心。所以，妈妈每天都为买菜烦恼，伙食费也一再超支。

后来，爸爸想了一个主意，让两个孩子做当家小掌柜，让他们来管理家庭伙食的支出分配。两个孩子轮流管理一周的家庭伙食支出分配，并给了他们同样的一周伙食费。先管理的是哥哥，每次买菜时，妈妈都带上哥哥，并按照哥哥的要求买。起初两天，哥哥都优先买自己爱吃的菜，价格很贵，两天后，伙食费就只剩下一半了。哥哥意识到，他不能继续只买贵的了，不然会有几天没钱买菜。他又重新分配了每天的支出，精打细算地过了剩下的几天。轮到妹妹管理的时候，也出现了同样的状况。

自从两个孩子当了当家小掌柜后，再也不嚷嚷着今天吃这个，明天

图 13　允许孩子参与家庭日常支出

吃那个了，都是买了什么吃什么。在经历了当家小掌柜后，他们对自己的零花钱也有了更精确的规划。

在让孩子参与家庭收支分配方面，陈老师有以下几点建议：

1. 制定家庭账目表。

父母只是与孩子说每天花多少钱，买什么东西，对孩子来说，只会觉得云里雾里，想象不出账单的样子，琐碎的信息还会让孩子不耐烦。想让孩子清楚认知家庭收支分配情况，最直观的方法是制定家庭账目表。需要注意的是，在制定家庭账目表时，要以简洁、明了为主，这样孩子才能更明白。为了吸引孩子的注意力，提升孩子对家庭收支分配的兴趣，家庭账目表上可以加一点儿卡通元素。

2. 帮助孩子分析家庭收支分配计划。

家庭收支分配包含两个方面，即家庭的收入和家庭的支出。有理财意识的父母，通常会有支出计划，即每天不超过多少钱。为了让孩子了解家庭理财的重要性，父母需要帮助孩子分析家庭收支分配的比例，以及孩子在家庭支出中的花费比例。当孩子切实地意识到自己每天能花多少，就会减少乱花钱的行为了。

3. 听取孩子的建议，驳回不合理建议时要给出理由。

既然让孩子参加家庭收支分配，那么孩子就有支出的权利。但是因为孩子的消费观、金钱观尚在建立，提出的建议可能会不合理。对于合理的，父母可以应允，不合理的，要毫不犹豫地驳回。需要注意的是，在驳回的时候，需要给出理由。给理由就是在帮助孩子建立区分，在区分中提升孩子的认知。譬如孩子要求在某一天改善伙食，父母可以在当月伙食费不变的情况下，做出调整；如果孩子突然想买一个昂贵的玩具，父母在驳回的同时，要告诉孩子，因为玩具的价格过于昂贵，已经超出本月的预算，并且他自己的零花钱不能支撑他买这么贵的玩具，所以拒绝。

4. 让孩子参与家庭理财计划。

很多父母因为孩子年纪小，不会将家庭的理财计划告诉孩子，更不会让孩子参与，这样怎么能提高孩子的财商呢？让孩子参与家庭理财是十分必要的，这也是对孩子的一种尊重。对于年纪大且对理财很有想法的孩子，父母需要听一听孩子的想法；对于年幼且对理财一窍不通的孩子，可以给他们普及一些理财知识，带他们完成理财。

理财达人可以教出理财小达人

一位经济学教授曾研究过一个课题：父母会不会理财，带给孩子的影响有何不同?

教授抽取了近千名家庭经济条件不同的孩子作为跟踪调查的对象，记录孩子从上幼儿园到毕业工作期间的各方面表现和心理状态的变化，耗时 20 多年。

他最终得到的结果是：在被抽取的孩子中，超 50% 的孩子依旧与父母处在同一经济层次，既没有实现经济条件的跨越，也没有下滑，即富裕家庭的子女依旧富裕，贫穷家庭的子女依旧贫穷；30 多名低收入层次家庭的孩子实现了财富增长，成为高收入的人；不到 20 名高收入家庭的孩子经济条件变差，成为低收入的人。

造成孩子贫穷和富有的关键原因是什么呢？是父母投资理财意识对孩子的影响。

教授研究收集的数据发现，如果父母有理财行为，并向孩子传达理财观念，孩子从小耳濡目染，会有更全面的金钱观，富有投资理财的想法，有极大概率实现财富增长；如果父母有理财意识，但不向孩子传达，或父母没有理财意识，那么孩子的金钱观就会相对贫瘠，没有或抗拒投资理财，基本不能实现财富增长。

可见，父母的理财观念能够对孩子产生深远影响。只有父母先成为理财达人，孩子才会成为理财小达人。

有一位超级理财达人，他虽然是中产阶级，但是眼光独到，有出色的理财技巧，在 30 岁这年，他就积累了足够的财富，退休了。

在人们普遍崇尚高消费，且为了满足欲望不断透支信用卡的大环境下，他做到了勤俭节约，并对自己赚到的每一分钱都有规划。通过投资理财，他实现了财富增长。理财达人深知理财意识的重要性，在他的孩子很小的时候，就向其传达理财意识。他带着孩子体验钱是怎么赚来的，告诉孩子通过投资理财可以实现财富不断增长。在父亲理财观念的熏陶下，孩子也开始对自己的零花钱进行投资理财，最终成为一名“小富豪”。

父母都希望孩子未来能实现经济独立，而实现经济独立的前提是懂得理财。在理财上，孩子不主动理钱，那么钱也不会理他。如果孩子态度积极，学习专业理财知识，不断尝试理财，那么就会逐渐积累财富。因此，父母需要从小向孩子灌输理财意识和观念，教他理财的常识和技巧。这就要求父母需要先提高自己的财商，令自己先成为一名理财达人。

爱在我家训练营的一位学员妈妈曾分享她的经历。

在孩子小时候，妈妈就有意识地培育他的财商，会定期给他零花钱，让他在财务自由中学会经济独立，实现财富增长。

在妈妈的引导之下，孩子通过劳动赚取零花钱，逐渐改掉了爱花钱的坏习惯，逐渐可以经济独立了。但是，在实现财富的增长上，却没有什么长进。当跟他说起财富增长的话题时，也表现得兴致缺缺。

妈妈开始反思，为什么孩子对实现财富增长的投资理财方面的话题不感兴趣呢？最终她在自己身上找到了原因，因为妈妈并没有向孩子展示自己是如何投资理财的。

孩子在什么样的环境中成长，就大概率会成为什么样的人。妈妈鲜少在孩子面前说投资理财的事情，他们自然也就不感兴趣了。为了让孩子对投资理财有兴趣，妈妈首先有意识地给孩子说投资理财方面的知识；其次，引导孩子找到适合自己的投资理财方式，并带领他实践。当孩子看到零花钱通过投资理财实现增长，便会越发对投资理财感兴趣了。

父母如何成为一名理财达人，又如何培养孩子成为一名理财小达人？陈老师有以下几点建议：

1. 父母需要有积累财富的意识。

理财的前提是有钱。有钱才能投资，才能实现财富增长。所以，父母需要有积累财富的意识。如何积累财富呢？首先需要做到勤俭节约，有一个正确的消费观。父母给孩子展现勤俭节约、积累财富的行为，孩子才能有意识地学习。

2. 父母要对钱有规划。

理财的字面意思就是整理财富。父母需要对自己的钱有规划，明确每一笔钱的用处。父母有对钱规划的习惯，才能培养孩子对钱有规划的习惯。有了规划，孩子才不会肆意消费，才不会发生浪费钱的情况。

3. 主动了解投资理财方面的知识，并付诸行动。

理财的目的是实现财富增长。节省是实现财富增长的基础手段，利用积累的钱理财才是实现财富增长的高级手段。投资理财的方式有很多种，父母需要主动了解相关知识。有了一定的认知后，要选择适合自己的理财方式，并付诸行动。孩子在父母理财行为的影响下，也会对理财感兴趣。

4. 给孩子零花钱，带孩子一起理财。

让孩子对理财感兴趣，最好的方法是给孩子零花钱，带孩子一起理财。当孩子看到自己的钱越存越多，通过理财实现财富增长，对理财的兴趣也就越来越大，从而提升孩子的财商。

给孩子成为"负翁"的机会

"负债"在财商中是一个中性词，它并不意味着坏处，有时候反而好处很多。负债的好坏需要通过现金流判断，如果负债后，收入明显增加，平债后还有大量结余，那它就是创造财富的有效工具；如果负债的情况越来越严重，已经入不敷出，它就会变成让人倾家荡产的坏事。一般负债结果的好坏，实际取决于财商。

纵观成功人士，多数都负过债，他们是负债高手，善于用别人的钱为自己创造更多的财富。但是"负债"很有风险，不是每个人都可以成为"负债高手"，有可能一不小心就会陷入借贷深渊。

父母可以为孩子创造体验"负债"的机会，既可以帮助他们树立正确的消费观、金钱观，也可以让他们知道可以借别人的钱，成自己的事，以锻炼孩子的财商。

在我家训练营中的晓伟爸爸曾分享他的经历。

一次，爸爸带晓伟一起逛商场，晓伟看中一款点读机，可是他自己存下来的零花钱并不够支付，晓伟有一些沮丧。

看到儿子难过，爸爸主动说："我知道你的钱不够，只要你能够按时归还，爸爸可以借你。"

"真的吗？我保证我会按时归还！"晓伟兴奋地说。

在清点了自己手头的零花钱之后，晓伟留下了自己的备用资金，又跟爸爸借了 300 元，并和爸爸按照银行的模式，计算了借钱的利息，最后晓伟需要还给爸爸共 360 元，60 元是借贷利息。每个月还 30 元，一年还清。

虽然利息有点儿高，但爸爸认为非常有必要，只有这样才能让孩子更加深刻地体会负债的滋味。

在培养孩子财商的时候，父母应该如何帮助孩子辩证地看待负债呢？李贺老师有以下几点建议：

1. 让孩子了解什么是负债。

提及负债的时候，如果给孩子讲一些枯燥的现金流、资产等概念，孩子很有可能不理解，在孩子年龄小的时候，让他了解一些这方面的知识，适当增加对内在价值的认识，就可以了。这对提高孩子财商很有帮助。为了帮助孩子更好理解，父母可以这样对孩子说：“当你的钱不够，需要向别人借钱时，你就处于负债的情况下了，而你必须在规定时间内按时归还全部欠款。”

账　单

借款金额：300元

放款方：爸爸

贷款方：晓伟

利息：60元

还款总额：360元

共计12期，每月还款30元

图14　让孩子体会负债的感觉

2. 让孩子明白信用的重要性。

在孩子明白什么是负债之后，还要让孩子知道按时还款的重要性。比如，当孩子向父母借钱，没有按时还的时候，父母可以对孩子说：“你不按时还钱的话，下次想向我借钱就难了，我不会借钱给一个不讲信用的人。”孩子听了，自然会明白信用的重要性。

3. 和孩子一起玩负债小游戏。

为了让孩子更深刻地体会负债的意义，父母可以和孩子玩一些关于负债的小游戏。比如，父母可以借给孩子虚拟的 100 元，和孩子商定每个月的利息，定好还款日期。随后观察孩子怎么“用”借来的钱。在这个过程中，父母可以了解孩子是如何理财的，孩子有不当行为的时候，父母还可以给予适当指导。

第四章

金融小知识，树立“钱意识”

对于钱，孩子真的了解吗？究竟了解多少呢？

比如，钱是什么？钱是哪儿来的？钱有什么属性？钱重要吗？钱能买到一切吗……

这些知识，孩子都应该从小了解。孩子越早树立“钱意识”，就能越早建立正确的金钱观、价值观。因此父母应尽早对孩子进行财商培养，塑造孩子的“钱意识”。

区分真假人民币

想要让孩子树立“钱意识”，第一步就要让孩子明白什么是钱。

什么是钱呢？很多孩子可能回答“钱是纸”“钱是硬币”“钱能够买玩具买衣服”，等等。这些回答并没有错，但却是片面的，这样的回答证明孩子的“钱意识”十分薄弱。如果孩子对钱没有更深层次的认识，又怎么能建立起正确、健康的金钱观呢？

孩子的“钱意识”薄弱，很大一个原因是父母没有清楚地告诉孩子什么是钱。

一部分父母认为，太早对孩子说钱，会令孩子格外看重钱，当孩子提起钱，或询问与钱相关的问题时，会被父母用各种理由敷衍。还有一部分父母虽然不忌讳与孩子提钱，但是对于孩子的问题却回答得不够深刻，导致孩子无法对钱有一个全面的认知。

著名作家罗伯特·清崎在其所著的《富爸爸，穷爸爸》中说：“如果父母不愿意和孩子谈论与钱相关的话题，那么等孩子长大后，就不懂得怎么管理自己的钱。”即便孩子未来有高薪职业，也会因为不懂得处理与钱之间的关系，而经济状况堪忧。

因此，父母需要主动告诉孩子钱是什么。第一步，就是教孩子辨别钱的真假。

爱在我家训练营的学员晨晨爸爸曾分享他的经历。

在晨晨 2 岁多的时候，一家三口去爷爷奶奶家过年。爷爷奶奶给了晨晨一个装着压岁钱的红包，晨晨很开心，将红包里的压岁钱拿了出来。

让爸爸没想到的是，她将钱当成了玩具，玩了一会儿就失去了耐心，将钱丢在了一旁。

爸爸看到这一场景，意识到晨晨并没有真正认识钱，否则也不会将钱随意丢弃。这之后，爸爸开始告诉晨晨钱是怎么来的，教晨晨辨认钱的面值，告诉她钱的作用和购买能力，等等。渐渐地，晨晨更加了解钱了。

不过，晨晨虽然更加了解钱了，却分不清真钱和假钱。

爸爸为了让女儿更深入地认识钱，买了一套模拟财富游戏的玩具，里面有模拟货币，并且日常生活中也多用纸币。有一次，爸爸带晨晨去超市，结账的时候没有五块钱了。这时，晨晨大声说“我有”，并将手里的“钱”递给了收银员。不过，她给的钱并不是真正的人民币，而是大富翁里的货币。

图 15　教孩子辨别真假人民币

这件事之后，爸爸明白自己忽略了一个重要的内容，就是教孩子辨别真假钱。于是爸爸开始有意识地教晨晨辨认什么是现实生活中能花的真钱，什么是游戏中的假钱。等晨晨年龄稍大一点儿，又教授她辨别真假人民币的技巧。

父母应该从哪几个方面告诉孩子什么是钱呢？坚坚老师有以下几点建议：

1. 钱的诞生。

父母像说故事一般告诉孩子钱是怎么诞生的。

钱是怎么诞生的呢？

目前我国的通用货币是人民币，但是在很久以前，人们使用的通用货币是贝壳。

在原始社会初期，人们以狩猎和采摘为生，一天的劳作只能勉强维持温饱。随着狩猎和劳作工具的诞生，生产力得到提升，人们有了多余的物资，开始用“以物换物”的方式获取需要的东西。

在原始社会末期，游牧民族将“牲畜”“兽皮”作为通用货币，农业民族则将“五谷”“农具”“陶器”“海贝”等作为通用货币。随着时间的推移，人们发现兽皮、五谷会腐烂，牲畜在换物时不好分割，最终将海贝作为常用货币。

在此后很长一段时间，“海贝”都扮演着常用货币的角色。直到冶金技术崛起，海贝被金属铸币取代，金属铸币开始成为常用的通用货币。一直到北宋时期，纸质货币的前身才诞生。一直到今天，人们依然使用金属铸币和纸币，并开始出现电子货币。

2. 钱的作用。

父母要告诉孩子，钱不仅仅是一张纸，它还存在一定的价值，它最大的作用是充当交易的媒介。钱可以买东西，既能够满足人的物质需求，也能满足人的精神需求。可以说，人的衣食住行都离不开钱。父母也需要告知孩子，钱并不是万能的，世界上很多珍贵的东西是钱买不来的。要让孩子正确看待钱，帮助孩子塑造正确的金钱观。

3. 钱的来源。

深层次认识钱，要让孩子知道，钱是怎么来的。父母需要告诉孩子，钱是通过劳动换取的。为了让孩子切身感受钱的来之不易，父母可以给孩子创造赚钱的机会，让孩子深刻明白钱是怎么来的。

4. 教孩子辨别真假钱币的技巧。

有很多不法分子会刻意制造假币。如果孩子不懂得辨别，很有可能收到假币而不自知。父母在教导孩子认识钱币的同时，也需要教导孩子如何辨别真假。

仔细观察真币和假币，会发现差别有很多。譬如，质感和颜色，真币的质感厚实，颜色纯正，而假币的质感很差，颜色也或深或浅。

为了让孩子更真切地观察真币和假币，父母可以带孩子去银行，很多银行内不仅有详细的辨别真币和假币的方法，还有假币的样本供孩子观察。

5. 改变对钱的态度，善待“钱朋友”。

想要孩子树立正确的“钱意识”，父母需要引导孩子改变对钱的态度，正确看待钱和自己的关系，虽然钱不是万能的，但是生活却离不开钱。

父母需要明白，“钱”不是一个禁忌话题，越早和孩子说，越能令孩子早早觉醒“钱意识”。孩子有了“钱意识”，才能进一步提高财商，和钱成为好朋友。

钱从哪来，要到哪去

父母希望孩子能够珍惜钱，花钱时不要大手大脚。但是，如果不告诉孩子赚钱的辛苦，他们怎么会有珍惜钱的想法呢？

有一所幼儿园为了让孩子深刻认识钱，邀请了一位有多年工作经验的银行工作人员为孩子科普钱知识。工作人员问孩子们的第一个问题就是“钱从哪里来的”。孩子们的回答五花八门，有的令人啼笑皆非。

年龄小一点儿的孩子回答说“钱是爸爸妈妈从钱包里拿出来的”“钱是爸爸妈妈从抽屉里拿出来的”，年龄大一点儿的孩子回答说“钱是爸爸妈妈从银行取出来的”，仅有个别孩子回答“爸爸妈妈的钱是通过工作得来的”。

针对前两种回答，工作人员继续问“爸爸妈妈钱包里的钱是从哪儿来的”“抽屉里的钱是哪儿来的”“为什么能从银行里取到钱”，孩子们面面相觑，一头雾水。很显然，他们并没有认真思考过“钱从哪里来”这个问题。

对孩子来说，他们对钱的关注往往在于父母给他们多少钱，他们能用钱买什么。很多时候，他们并不关心父母给他们的钱是从哪里来的。如果孩子不问，父母也不说，最终孩子可能就无法树立正确的金钱观。孩子不知道钱是辛苦劳动换来的，在花钱的时候就不会想着珍惜。一旦孩子养成花钱大手大脚的习惯，对孩子未来的经济状况将造成巨大的冲击。

父母想给孩子塑造“钱意识”，就必须要告诉孩子钱是怎么来的，孩子明白了钱的来之不易，才能知道节省钱，并将钱用在有价值的地方。

爱在我家训练营中的学员佳佳爸爸曾分享他的经历。

在佳佳爸爸刚给孩子零花钱的那段时间，佳佳一直很兴奋，每天都在想着自己要买什么，零花钱总是不够用。为了让孩子认识到钱的来之不易，并懂得将钱用在有价值的地方，爸爸认真地问佳佳“钱是从哪儿来的”这个问题。

佳佳的回答是“钱是爸爸妈妈给的”“是奶奶给的”。爸爸继续询问“爸爸妈妈、奶奶的钱是从哪儿来的”，佳佳则一脸困惑。

为了让佳佳能体会钱和劳动的关系，爸爸带着佳佳参观了自己的工作环境，并找了一些简单轻松且佳佳力所能及的工作让佳佳做。起初佳佳在好奇心的驱使下干劲十足，但是干了一会儿就坚持不下去了。不过爸爸一直让佳佳坚持做完，并根据工作量给了相应的报酬，并告诉她，这是她劳动得来的。

图 16　让孩子认识到钱来之不易

在明白劳动与钱的关系之后，佳佳渐渐不再乱花钱了，而且，佳佳存了很长一段时间的零花钱，给爷爷买了一个二胡。

可见让孩子切身体验钱从哪儿来，可以使孩子将钱用在有价值的地方，更容易体会到父母说的辛苦。

父母如何让孩子明白钱是从哪儿来的呢？陈老师有以下几点建议：

1. 告诉孩子钱来之不易。

父母可以告诉孩子，钱是父母辛苦工作换来的。为了让孩子更加明白钱的来之不易，花钱时不大手大脚，父母可以详细描述付出多少劳动可以赚取多少钱。譬如，在吃饭的时候，父母可以告诉孩子今天的饭菜花了多少钱，这些钱需要父母工作多久才能赚到。当孩子明白钱的来之不易，就更容易做到不铺张浪费了。

2. 告诉孩子“钱是有限的”。

如今很多孩子都不缺零花钱，这令他们很难有“钱用光了就没有了”的认知。线上金融的兴起也会令孩子误以为父母的钱是从手机里来的，并产生“取之不尽，用之不竭”的错误认知。如此，孩子又怎么会珍惜钱呢？父母要告诉孩子“钱是有限的”，引导孩子珍惜钱。父母可以让孩子尝一尝没钱花的滋味；减少移动支付，增加现金支付。

3. 让孩子了解自己的工作。

为了让孩子明白钱的来之不易，有的父母会不厌其烦地告诉孩子自己工作有多么辛苦。事实上，只靠说并不能令孩子有深刻的体会。想让孩子知道父母赚钱的艰辛，最好的方法之一，是让孩子了解自己的工作。

父母可以带孩子去自己的工作单位，如果现实条件允许，可以让孩子做一做自己的部分工作。当孩子亲身体验后，就会明白钱的来之不易，明白父母的辛苦。

4. 给孩子提供“工作”。

让孩子通过“工作”赚钱，能够令他们快速地意识到赚钱的艰辛，明白钱的来之不易。在消费的时候也就容易做到节省和控制，将钱花到有价值的地方。虽然孩子年龄小，不能从事社会上的工作。但是父母可以给孩子提供一些“工作岗位”。

需要注意的是，父母不能将参与家务劳动作为孩子的“工作”，因为参与家务劳动是孩子的责任和义务，倘若用计酬的方式让孩子参加家务劳动，只会令孩子丧失家庭责任感。

5. 让孩子参与家庭收支分配。

通常当家作主的人有尽力将每一分钱实现最大价值的本领，让孩子参与家庭收支分配，不仅能培养孩子的主人翁意识，也能让孩子明白花钱要花得有价值的道理。因此，父母应该让孩子参与家庭收支分配，加入家庭理财。

钱是私有财产

想让孩子学会正确地与钱打交道，父母必须告知他：钱是私有财产，是每个人的劳动所得；必须自己赚钱，花自己赚的钱。

洛克菲勒家族是世界上最富有的家族之一，它为何能积累如此多的财富？与家族注重对孩子灌输“钱是私有财产”的观念息息相关。

洛克菲勒，被称为“石油大王”，尽管他很有钱，但是他从来不娇惯儿子约翰。从约翰懵懂之际，洛克菲勒就告诉约翰：“孩子，我是很有钱，但我的钱不是你的，你想要成为有钱人，需要自己赚。”与此同时，洛克菲勒也不为约翰提供高端奢侈的生活，而是从小告诫约翰要节俭。

因为洛克菲勒的“钱是私有财产”的观念，约翰在很小的时候，就通过打工赚取零花钱。不过，他的老板是他的父亲洛克菲勒。节俭的生活磨炼了约翰的意志力，在他成长的过程中，他干过农活，当过挤奶工，干过搬运工。他每打一次工，都会记录自己做了多长时间，赚取了多少钱，并利用自己赚到的钱投资理财。

因为洛克菲勒家族将“钱是私有财产”的观念一代一代地传承，家族内的每一位成员都很独立，对财富有独到的看法，才能积累庞大的财富。

其实，不仅是洛克菲勒的家族，很多富有而有底蕴的家族都不会溺爱孩子，给孩子很多零花钱。他们会明确告诉孩子，自己的财富是自己的，不会留给孩子。甚至为了打消孩子惦记家产的念头，会建立家族信托基金，或将钱捐给慈善机构。他们的孩子从小就有“打工赚零花钱”的观念，在年满 16 岁时，会自觉利用课余时间去餐厅打工、做家教、做销售员，以此赚取学费和零花钱。

父母培育孩子财商的目的，是希望孩子长大后能实现经济独立，能让自己的财富得到增长。父母必须给孩子灌输“钱是私有财产”的观念，当孩子有了这个观念，才不会对父母产生经济依赖。

当孩子通过自己的劳动赚取到零花钱时，才会对钱产生珍惜感，更合理地支配自己的钱，并有理财规划。这是因为他意识到钱是属于自己的，他有责任维护自己的财富。

爱在我家训练营的学员牛牛爸爸曾分享他的经历。

很多时候，孩子的钱不够就向父母要。遭到父母的拒绝后，又向爷爷奶奶要，每一回，爷爷奶奶都会给他。但是，每次爸爸问爷爷奶奶是不是牛牛又跟他们要零花钱了，老人都否认。爸爸知道这是不利于孩子财商的培育的，但是没有很好的解决办法。

他询问李贺老师，李贺老师的建议是：让孩子明白钱是私有财产。

爸爸按照李贺老师的建议，照例在固定时间给牛牛零花钱，然后带牛牛逛商场。逛商场时，爸爸跟牛牛说看中了一款商品，但是目前缺一点儿钱，想借他的零用钱用一下。牛牛很爽快地答应了。从商场回家后，爸爸自顾自地忙自己的事儿，牛牛的目光则一直暗中追随着爸爸，爸爸从余光中看着牛牛皱着的眉头，知道他一定在想自己为什么还不还钱。

后来，牛牛终于忍不住，问爸爸怎么还不将零用钱还给他？爸爸故

图 17　让孩子明白钱是私有财产

意毫不在意地说：“我们都是一家人，你的钱就是我的钱，不需要还。”牛牛很不赞同地大声反驳爸爸说：“我的钱就是我的，根本不是爸爸的。”爸爸也趁机说：“那爷爷奶奶的钱是爷爷奶奶自己的，不是你的，而且爷爷奶奶年纪大了，自己的钱是给自己养老的，以后不能再理所当然地问爷爷奶奶要钱了。”

通过这件事，牛牛深刻认识到“钱是私有财产”，他再也没主动问爷爷奶奶要钱了，即使爷爷奶奶主动给，他也会拒绝。

如何才能让孩子深刻认识到“钱是私有财产”的理念呢？李贺老师有以下几点建议：

1. 不要在孩子面前说“我的钱就是你的钱”。

从小给孩子灌输“钱是私有财产”的观念，可以让孩子不管在生活中，还是经济上，都能更好地独立。一些父母会认为“自己的钱以后都是孩子的”，总是不经意地对孩子说“我的钱就是你的钱”。孩子听多了会理所当然地认为父母的钱就是自己的钱，继而对父母产生经济依赖，孩子长大后也有极大概率成为“啃老族”。因此，父母要注意言行，切勿在孩子面前表露或说出“我的钱就是你的钱”这样的话。

2. 明确告知孩子钱是谁的。

很多家庭都发生过这样的一幕：妈妈买菜回家后，随手将零钱放在桌子上，孩子看到后，就将硬币或小额纸币放进自己的储蓄罐或口袋。很多父母对这样的情景并不重视，然而，正是父母的忽视，才让孩子无法产生“钱是私有财产”的观念。

想让孩子知道钱是私有财产，父母必须明确地告诉孩子钱是谁的，即使钱的数额很小。譬如，妈妈买菜回家将零钱随手放在桌子上，要明确向孩子传达“这些零钱是妈妈的，你不能拿”。久而久之，孩子就会意识到不是自己的钱不能动，哪怕是父母的钱也不可以动。

3. 鼓励孩子自己赚钱。

为了让孩子能更深刻地认识到钱的私有属性，可以鼓励孩子自己赚钱。当孩子通过自己的劳动赚取到了零花钱，内心的满足感会油然而生，并更加认同钱的私有属性。父母可以为孩子创造赚钱的机会，比如收集可回收物、去乡下干农活，等等。

4. 给予孩子支配自己钱的权利。

如果父母不给孩子支配零花钱的权利，会使孩子对“钱是私有财产”的观念产生质疑，孩子可能会产生“我自己赚的钱我自己都不能花，那干吗还要赚钱”的想法。如果孩子对钱有了消极想法，会对其日后有很大的负面影响，譬如，不愿意工作等。

树立正确的价值观

对孩子来说，金钱可以解决大部分烦恼，因此孩子可能会认为金钱是万能的，钱很重要。

钱重要吗？当然重要。钱可以买来食物，可以买来生活用品，也可以环游世界，增长见识。不过，钱并不是万能的，钱买不到健康，买不到时光回溯，买不到幸福快乐……世界上有太多东西无法用金钱衡量，有太多问题无法用金钱解决。

因此，一定要让孩子有正确的价值观，如果孩子没有一个正确的价值观，就会在金钱上迷失自我，变得贪婪、执着，甚至不择手段，最后穷途末路。

人的一生中，有很多比金钱重要的东西。如果没有正确的价值观做导向，人生就会被金钱扰乱。

某报刊上曾记载这样一个故事：

一个人在而立之年，就积累了数千万的财富，这些财富是他用大量时间、精力加上精明的头脑换来的。他之所以拼命赚钱，是因为他认为财富能够买来他想要的一切，能够让他的生活变得更美好。

虽然他的财富在增长，但是因为长期不回家、饮食不规律，他的家庭和身体健康都出现了问题。他的妻子逐渐疏远他，孩子看他的目光越来越陌生，他的胃也时不时抽痛。终于有一天，他的妻子受不了这样的生活，向他提出了离婚，孩子也明确表示要跟妈妈一起生活，他也被确诊患上了胃癌。

躺在医院的他渐渐意识到，金钱并不是万能的，它买不回妻子的爱，买不到孩子的亲近，更换不回健康的身体。

故事中的年轻人并没有一个正确的价值观，他认为金钱高于一切，沦为了金钱的奴隶。如果他不将金钱看那么重，那么他也许就会有一个幸福美满的家庭，有一个健康的身体。

在现实生活中，我们无法离开金钱，但是，金钱并不是生活的全部，有太多东西是金钱不能撼动的。父母要从小培养孩子正确的价值观，让他成为金钱的主人，而非成为金钱的奴隶。

爱在我家训练营中的学员小丽爸爸曾分享他的经历。

他家有一个女儿一个儿子，家里有一个习惯，就是每个成员过生日的时候，都会举办一个小的生日会，家里的每个人都会给寿星送礼物，并一起出钱买蛋糕，而这些花费需要孩子们用自己的零花钱支付。

在上半年姐姐小丽过生日的时候，恰巧弟弟的零花钱不多了，所以精心挑选了一个不是很贵的笔记本送给姐姐。小丽收到礼物后有些不高兴，因为她之前跟弟弟说过，她看中了一款芭比娃娃，希望弟弟能送给她当生日礼物。弟弟原本答应了，但是现在却没有做到。

到了弟弟生日时，爸爸带小丽订完生日蛋糕后，去商场挑选送给弟弟的生日礼物。爸爸买好生日礼物后，发现小丽还在犹豫不决，于是爸爸建议她送弟弟一支钢笔。小丽拒绝了。爸爸问是不是钱不够，小丽说不是。

小丽说：“弟弟送给我的笔记本那么便宜，而一支钢笔却很贵，我送钢笔的话，就吃亏了。”

爸爸听完后严肃地对小丽说："你和弟弟是亲人，亲人之间不能如此斤斤计较。而且弟弟没有买贵的礼物，是因为手里的钱不够了，不是不想给你买。"

小丽听了爸爸的话也意识到自己的想法有偏差，主动给弟弟买了钢笔。

图 18　让孩子明白钱并不是生活的全部

此后，爸爸开始特别注意两个孩子的价值观和金钱观，如果发现他们的价值导向有偏差，爸爸就会及时区分、引导，让他们树立正确的价值观。

培养孩子正确的价值观是一个长期的过程，每一位父母都要做好长期奋斗的准备。

在培养孩子正确价值观上，李贺老师有以下几点建议：

1. 让孩子明白有很多东西的价值高于金钱。

“价值观”是指人在思维感官下作出的认知、理解、判断和抉择，也可以说，是人判定事物、辨别是非、衡量价值的一种思维。只有先给孩子灌输正向、积极的价值观，孩子才能作出正确的判断，比如，父母给孩子灌输健康比金钱重要的观念，孩子在面临健康和金钱时，才会选择健康。平时与孩子相处时，父母要告诉孩子，世界上有很多东西的价值是高于金钱的，引导孩子正确处理钱与生活、与世界的关系。

2. 不要让孩子对金钱有执着的欲望。

如果太过看重得与失，就会让自己患得患失，感觉不到快乐。金钱也是如此，太过看重钱，人生就会失去很多乐趣。人生的意义有很多，过于看重金钱，将金钱作为人生的意义，则会失去很多更重要的东西。想让孩子的人生轻松、快乐，父母要引导孩子不要过于看重金钱，不能认为钱高于自己、高于任何事物、高于人类，应该树立正确的金钱观。

3. 引导孩子探索人生，追寻梦想。

世界有太多奇趣，人生不能只专注于追逐金钱，而应该探索人生，找寻自己的梦想。想要培养孩子正确的价值观，父母不妨引导孩子探索人生的意义，追寻自己的梦想。当孩子找到人生的梦想，就不会执迷于金钱了。

钱没有好坏之分，钱的好坏取决于使用者。想要独占钱，认为有了钱就可以为所欲为，孩子就会被钱控制。不想独占钱，认为钱只是谋求幸福的工具，孩子就可以控制钱。

培养孩子正确的价值观，是非常必要的。孩子拥有正确的价值观，才能正确对待“钱朋友”，给自己和他人都带来幸福。

科学理财，制定计划

钱是劳动所得，需要好好利用，在仔细考虑、了解自己的财务状况后，要有针对性地管理钱，思考如何用手里的钱来赚钱。

管理、思考的过程，其实就是理财的过程。

“凡事预则立，不预则废”，万事都需要计划。外出旅行时，如果不提前规划路线、行程，不准备行李，就无法安心欣赏美景、放松心情。理财也是这样，不做好计划，不确定投资目标，不考察投资项目，不计算自己的资金，那么就会盲目投资，结果也很可能不好。

有的成年人尚且做不好理财规划，更何况是孩子呢？父母需要帮助孩子制定适合他们自己的计划，引导他们按照计划执行，实现理财目标。

爱在我家训练营中的丽丽爸爸曾分享他的经历。

他有一对儿女，姐姐小丽，弟弟昊昊，他跟孩子们说起理财时，姐弟俩很感兴趣，可再仔细询问他们想怎么做时，两人都一头雾水。爸爸说：“平时学习、旅行都会做计划，确定目标，需要做的事情如何去做，这样才能高效地完成任务。投资理财也是如此。比如，你想买一件昂贵的玩具，爸爸妈妈觉得不适合，你又特别想买。那么，就可以做一个存钱计划，每周存多少钱？怎么存钱？是攒零花钱还是投资？投资什么？怎么投资？”

“可以从简单的理财计划开始，你们可以好好规划，做一个全面的、具体的存钱计划，在一段时间内按照计划行动，然后看看自己的存款发生了什么变化。”

之后爸爸协助小丽和昊昊做了一个 1 年的理财计划：

首先姐弟俩对于自己的资金进行盘点、计算，看看往年的压岁钱存下了多少、日常零花钱的金额等，了解自己的收入和支出情况。然后，在爸爸的帮助下，姐弟俩确定了理财目标和方式，制定了具体的行动计划。经过 1 天的准备，小丽和昊昊列出了自己的理财计划。

图 19　和孩子一起制定理财计划

小丽的理财计划：

1. 资金：压岁钱 1 万，每周零花钱 50 元。每天零花钱固定支出 5 元。

2. 理财目标和方式：压岁钱存入银行，每天存入存钱罐 5 元，剩余备用。近期购物计划：准备买一个手账本 30 元；准备买一个汽车玩具 200 元。

3. 赚钱计划：利用给爸爸妈妈打工、卖废品等方式赚钱，一周计划赚钱 50 元。

昊昊的理财计划：

1. 资金：压岁钱 1 万，零花钱每周 50 元。每天零花钱固定支出 3 元。

2. 理财目标和方式：压岁钱存入银行，每天存入存钱罐 3 元，剩余备用。

近期购物计划：为朋友购买生日礼物 100 元左右。

3. 赚钱计划：利用给爸爸妈妈打工、卖废品等方式赚钱，一周计划赚钱 50 元。

姐弟俩的理财计划虽然简单，但已经比较全面了。爸爸对孩子们的计划提出了表扬，也提出了意见，压岁钱不仅可以储蓄，还可以投资，实现更大的增值；行动实施应该更详细，比如计划购物的愿望多久实现；理财计划可以分长期计划和短期计划，比如 1 年计划、1 个月计划，等等。

理财计划，对于孩子来说非常重要。孩子最初的计划可能很简单，但可以让孩子形成一种观念和习惯，让孩子从小就善于规划、善于行动。让孩子确定目标和规划理财，并不是为了孩子能赚多少钱、存多少钱，而是通过计划学会理财，形成正确的理财观。这比赚钱、存钱重要得多。

如何帮助孩子制定理财计划，进而实现科学合理的理财呢？坚坚老师有以下几点建议：

1. 理财计划要适合自己的实际情况。

每个孩子手里的资金数额不同，收入、支出情况不同，消费方式也不同。这意味着孩子的理财习惯和方式有很大差异，父母应该根据孩子的实际情况，帮助孩子制定适合自己的理财计划。

2. 目标要明确、符合实际，不能好高骛远。

理财目标要明确，不能含糊不清，比如“我要存钱”“我要开始投资理财”之类的目标只是一个模糊的概念，对于行动没有指导价值。父母应该指导孩子制定明确的目标，比如，将压岁钱都存起来，1 个月攒固定金额的零花钱，等等。同时，目标要符合实际情况，只有少部分资金，却想购物、存钱、做投资；每周只有 50 元零花钱，却要一个月存钱 500 元。这些不切实际的目标，只能让计划形同虚设，浪费时间和精力，还可能让孩子走到岔路。

3. 告诉孩子按照计划执行，并且坚持。

任何计划若不执行、不坚持，就如同空喊的口号。很多孩子做计划时兴致高涨、摩拳擦掌，到执行时就退缩了，或是执行几天就放弃了，最后什么也没有得到。父母必须监督和鼓励孩子，让孩子坚持、有效地执行自己制定的投资理财计划。

第五章

“赚钱”也要从娃娃抓起

在很多父母看来，“赚钱”是成人的事儿，孩子只需要认真学习。然而，这种观念不利于培养孩子和钱打交道的能力，不利于孩子掌握理财、投资、积累财富等金融法则。

不让孩子知道钱是如何赚来的，他们就永远体会不到赚钱的艰辛，不知道钱的来之不易，在花钱的时候就会大手大脚，不能把钱花在更值得的地方。

父母要让孩子通过自己的努力赚钱，长此以往，孩子才能乐于赚钱，善于赚钱，拥有正确的财富观。

方式一：给爸妈打工

父母想培养孩子和钱打交道的能力，就需要给孩子零花钱，让孩子学习与钱相关的知识。孩子有了自己的钱，才会规划、理财。不过，如果父母给孩子零花钱时用错了方式，那么不仅不能提升孩子的财商，还会令孩子养成诸多陋习，拉远与钱之间的距离。

在生活中，绝大多数父母给孩子零花钱时，都是随手给，孩子将钱花光了再次向父母要时，父母也毫不犹豫地再给。可能有的父母认为孩子的零花钱微不足道。然而，父母眼中的小钱，在孩子眼中却可能是一笔巨款，父母的毫不在意，会令孩子产生一种“钱很容易得到”的想法，继而在花的时候毫不心疼，养成花钱大手大脚的坏习惯。并且，如果孩子向父母索要零花钱时，父母每次都给，就会令孩子逐渐对父母产生经济依赖，孩子长大后也有很大概率成为啃老族。

父母需要明白，给孩子零花钱的目的是培养孩子的财商，希望孩子在财务自由中学会独立行走。所以，在给孩子零花钱时，绝不能让孩子有“钱来得容易”的感觉。

怎么给孩子零花钱才能让孩子更合理地花钱呢？

可以分为两个渠道：一个是每个月给孩子固定的零花钱，一个是让孩子通过自己的劳动赚取零花钱。父母主动给孩子零花钱，能够让孩子不过于看重金钱；让孩子通过自己的劳动赚零花钱，能够让孩子明白钱的来之不易。

爱在我家训练营中一位学员爸爸曾分享他的经历。

爸爸在女儿小时候，就有给她零花钱的习惯。随着孩子日渐长大，花钱的地方也变多了。

有一回，女儿的好朋友要过生日了，邀请她去参加生日会。女儿很看重这个朋友，想送一份有意义的生日礼物——她最喜欢的音乐盒。

女儿看中的音乐盒价格并不便宜，她存了很久零花钱还是不够。好朋友的生日就快要到了，她很着急，便跟爸爸说想预支接下来两个月的零花钱。爸爸拒绝了她的请求，但也给她另一个选择：替爸爸打工来赚取更多的零花钱。女儿同意了。

爸爸非常鼓励女儿通过自己的劳动赚取更多的零花钱，所以，他列出了一个“工作清单”，上面有很多“工作”，每个“工作”后面都标注了酬劳。只要孩子完成，就给她相应的酬劳。

因为孩子年纪小，不能去社会上工作赚钱。不过，父母可以为他们提供工作岗位，让孩子替父母打工赚取零花钱。孩子与钱接触的机会多了，学习到更多关于钱的知识，掌握了对钱的支配权，自然就不再胡乱花钱，更不会随便浪费了。

在父母让孩子替自己打工方面，李贺老师有以下几点建议：

1. 不要将家务作为孩子打工的项目。

很多父母有让孩子打工赚钱的念头，但却走入了“做家务给报酬”的误区。孩子作为家庭的一员，有责任和义务参与家庭劳动。如果将家务作为孩子打工的项目，会令孩子丧失责任感。同时，他做任何事时都会向父母索要报酬。比如，帮妈妈递东西要报酬，帮爸爸浇水也要报酬。如此，就得不偿失了。父母切记不要将家务作为孩子打工赚钱的项目。

2. 不要将孩子自己的事作为打工项目。

孩子做自己应该做的事，是他们的责任，不能用报酬鼓励。父母绝不能跟孩子说“整理一下自己的房间，给你多少零花钱”。这样的话不是在助力孩子提高财商，反而会让孩子养成不给钱不做事的坏习惯。

3. 孩子的“工作”要符合其年龄阶段。

不同年龄段的孩子，其动手能力、思维能力都有显著不同，父母在让孩子替自己打工时，需要考虑这些因素。一旦父母给孩子提供的工作，孩子无法完成或做得不好时，就会打击孩子赚钱的信心。丧失信心会令孩子对打工赚钱产生心理阴影，这种心理阴影一旦伴随孩子成长，长大后孩子就可能会抗拒工作，无法实现经济独立。

4. 及时给孩子酬劳，鼓励孩子再接再厉。

父母需要清楚，孩子愿意打工的目的是赚取零花钱。当孩子的工作完成后，他最期待的就是拿到自己的报酬。如果父母不及时给孩子报酬，就会浇灭孩子打工赚零花钱的热情。一旦孩子对打工赚钱失去了热情，就会抗拒打工赚钱，再想重新点燃孩子的这股热情就会十分困难。在孩子工作完毕后，父母一定要及时给孩子酬劳，并鼓励孩子再接再厉。

方式二：回收废品

日常生活中，可以经常看到有人收集可回收再利用的物品，送到回收站赚钱；也经常会听到“收废品，回收旧手机、旧家电”这样的吆喝声。

废品指失去了本次使用价值的废旧物品。在很多人看来，捡废品、回收废品是一件很脏、很丢人的事。但是，为什么还有很多人愿意投入其中呢？因为很多废品都是可以回收再利用的，而卖废品赚到的钱也并不低，是一件既能保护环境，还能提供温饱的工作。

在现实生活中，很多人靠捡废品、回收废品发家致富。

有“破烂王”之称的张茵原本有一份很体面的工作，薪酬也不低。但是，她依然放弃了高薪职业，做起回收废纸的买卖。她凭着吃苦耐劳的精神，攒下一大笔财富，创办了玖龙纸业。从 2007 年起，她的名字频繁出现在各大富豪榜上。

有“废品大王”之称的胡永根在 56 岁之前一贫如洗，56 岁之后，他进城回收废品，他凭借过人的胆识和超凡的眼光，创造了上亿的财富。

捡废品能给人带来实打实的财富，并且不存在任何门槛，不论多大年龄，无论老人小孩，都可以做。因此，捡废品、卖废品可以成为孩子赚取外快的渠道之一，捡废品赚外快还能培养孩子的创收能力。

爱在我家的晨晨爸爸曾分享他的经历。

爸爸非常鼓励女儿通过劳动赚取额外的零花钱，会给她提供一些“工作”的机会，但工作的数量有限，孩子做完后还一直询问爸爸有没有其他赚钱的方法。

爸爸告诉晨晨，捡废品可以赚钱。晨晨疑惑地问爸爸，哪些废品可以赚钱？爸爸则告诉她，像易拉罐、塑料瓶、纸盒等都是可回收再利用的废品，卖给回收站就能赚钱。

起初，晨晨不好意思在外面捡废品，爸爸也没有强求，而是循序渐进地引导。爸爸先让晨晨积攒自己平时产生的可回收废品，晨晨不再丢弃喝过的易拉罐，也不再丢掉用过的废纸。一段时间后，晨晨就积攒了一定数量的废品。

爸爸带着晨晨将废品送去废品回收站。得到的钱，爸爸也第一时间给了晨晨。晨晨拿到钱后有些不可思议，没想到废品真能赚钱。

在爸爸不断的鼓励下，晨晨迈出了第一步，在户外捡起了一个易拉罐，之后，每周晨晨都会空出一天时间出去回收废品。渐渐的，晨晨不再觉得捡废品没面子，反而为自己捡废品赚钱而感到自豪。

在引导孩子靠捡废品赚外快这件事上，坚坚老师有以下几点建议：

1. 推翻孩子“捡破烂很丢人”的观念。

通常，捡废品和回收废品的人穿着不太体面，废品也都出现在垃圾桶或其他脏乱的地方。孩子可能会不由自主地认为，捡废品的人生活很艰苦，捡废品的行为很丢人。但事实上，职业不分高低，只要是正经职业都

晨晨积攒了很多可回收的废品

爸爸和晨晨带着废品去废品站卖掉，赚到了钱

图 20 回收废品是孩子很好的赚钱方式

值得被尊重。况且，捡废品、回收废品的人，他们的收入一点儿也不低。父母想让孩子靠捡废品赚取外快，就要推翻他们“捡破烂很丢人”的观念，给他们灌输职业平等的理念。提升孩子对职业从业者的尊重，不歧视他人，不贬低他人。

2. 父母带孩子一起捡废品。

不只是孩子，大人在捡废品的时候也会很难为情。父母可以带着孩子一起勇敢地跨出第一步，帮助孩子摆脱窘迫的心理。比如在马路上看到易拉罐时，可以和孩子说，我们一起去捡。父母当着孩子的面将易拉罐捡起来，孩子就能受到鼓励，也会跟着去捡。

3. 卖废品的钱要及时给孩子。

当父母告诉孩子捡废品可以赚到钱时，孩子可能会质疑其真实性。要打消孩子的质疑，父母要及时将卖废品的钱给孩子。当孩子看到钱后，才会有动力继续赚钱。有一点需要注意，为了让孩子尽早明白捡废品真的可以赚到钱，在孩子捡到适量的废品后，父母就可以带他去卖掉。

4. 引导孩子将卖废品得到的钱记录下来。

在孩子捡废品卖钱后，父母可以给孩子一个小账本，引导孩子将卖废品赚来的钱一笔笔记下来。等半年或一年之后，让孩子统计卖废品赚到的钱。孩子看到自己赚到的钱很可观，会产生自豪感，继而更有动力地捡废品赚钱。

5. 引导孩子明白生活的主次。

让孩子捡废品卖钱的目的，是为了让孩子体验赚钱的不易，明白有付出就有回报。如果孩子将捡废品赚钱当成生活的全部，就有点儿分不清生活的主次了。父母要告诉孩子，他们当前的主要任务是学习，而捡废品卖钱是次要的，可以利用闲暇时间做。

方式三：提交“个税”

个税，即个人所得税，当个人收入达到国家规定的缴纳标准就需要缴纳。缴纳个税是每一位公民应尽的责任和义务。不只是个人，企业也要缴税。在培育孩子财商的过程中，父母也需要培养孩子的纳税意识。纳税意识有助于孩子日后成为一名奉公守法的好公民。

父母该如何培养孩子的纳税意识呢？就是让孩子向爸妈交“个税”。

爱在我家训练营的学员秋秋妈妈曾分享她的经历：

秋秋很小就有自己的零花钱了，最初她花钱大手大脚，但现在她已经懂得管理自己的零花钱了。

妈妈通过训练营的学习，知道了在培育孩子财商这件事上，培养孩子的纳税意识是必不可少的环节。原本，妈妈打算等秋秋稍微大一点儿再培养她的纳税意识，但是因为一件事，让妈妈意识到，培养秋秋的纳税意识势在必行。

有一天，家中的洗手液用完了，妈妈让秋秋去小区门口的超市买。秋秋听到后来到妈妈面前伸出了手，意思是让妈妈给钱。因为妈妈在厨房很忙，就让秋秋用自己的零花钱买，但秋秋不同意。即使妈妈强调她作为家庭的一员，有出钱买公共用品的责任和义务，她也还是不情愿。

妈妈意识到，秋秋对家庭的责任感有待提升，也没有纳税意识。为了培养秋秋的责任感和纳税意识，妈妈召开了一场缴纳个税家庭会议。

首先，妈妈告诉秋秋什么是纳税；其次，妈妈向秋秋强调，秋秋作为家庭的一分子，有缴纳个税用于家庭建设的责任和义务。再然后，妈妈按照秋秋零花钱的标准，制定了缴税的标准。最后，爸爸和妈妈先缴纳了家庭个税，秋秋在看到爸爸妈妈的行动后，也缴纳了自己的个税。

图 21　培养孩子的纳税意识

在日常生活中，父母会给孩子零花钱，有时候孩子也会在父母这儿通过劳动赚取零花钱。父母可以制定个税的缴纳标准，当孩子的零花钱超过缴纳标准后，就要向父母上缴个税。父母在执行的过程中，肯定会遇到孩子的反抗和拒绝。这些不满的情绪是可以理解的。首先，孩子的零花钱是父母给的，孩子想不明白，为什么给了他们又要收走一部分；其次，孩子通过劳动赚取到的零花钱，令他们倍感珍惜，自然舍不得上缴一部分。

面对这样的情况，父母要先安抚孩子激动的情绪，等孩子的情绪平复后，再和孩子说明缴个税的理由。

在培养孩子纳税意识上，陈老师有以下几点建议：

1 父母要让孩子知道纳税的原因。

在告诉孩子纳税原因时，父母可以从两个方面来说，一个是公民纳税的原因，一个是孩子向父母缴“个税”的原因。

税收是国家财政收入之一，税收也取之于民，用之于民，通常用于国家的基础设施建设、经济调控、政权维护等方面。为了让孩子更深刻地明白纳税原因，父母可以举一些例子，告诉孩子，比如公路、绿化、公园等公共设施都是由税收资金建造的，比如警察、军人等维护社会秩序和维护国家安全的公职人员的工资也由税收资金发放。当孩子知道纳税的原因和意义后，就会知道纳税是一件光荣的事。

在让孩子向家庭缴“个税”时，父母也要让孩子知道缴税的原因。父母需要告诉孩子，作为家庭的一员，有缴税的义务，而他的个税也会用于家庭建设，譬如家里的某个公共用品坏了，可以用税收资金来买。当父母告诉孩子纳税的原因，孩子就不会那么抗拒了。

2. 父母也要向家庭缴纳个税。

父母想培养孩子的纳税意识，要先在孩子面前展现自己的纳税行为。父母作为家庭的一员，也有向家庭缴纳个税的义务。当孩子看到父母主动向家庭缴纳“个税”后，也会更加心甘情愿地上缴“个税”。

3 给孩子普及税收知识。

培养孩子的纳税意识，要向孩子普及税收知识。孩子了解越多，抗拒就会越少。父母可以给孩子普及一些基本税种，也可以告诉孩子其他国家的税收制度。当然，为了让孩子对纳税更感兴趣，也可以和他们说一说我国税收的历史演变过程。

爸妈请注意："按劳付酬"须谨慎

在现实生活中，很多父母都会用金钱激励孩子做家务：扫地给多少钱、洗碗给多少钱、擦桌子给多少钱，等等。用金钱激励孩子做家务实际是一种错误观念，而且事事"按劳付酬"也会给孩子带来很多不好的影响，会让孩子误解自己与钱之间的关系，变得唯"钱"是图。

父母将家务作为孩子赚取零花钱的打工项目，会令孩子丧失家庭责任感。孩子作为家庭的一员，有责任和义务从事家务劳动。

事事"按劳付酬"会给孩子带来哪些负面影响呢？

首先，会影响亲子关系，令孩子将亲人之间的互助关系当成一种利益交换。孩子每做一件事，父母都许以金钱报酬，久而久之，会让孩子认为帮父母做任何事都是需要给钱的，如果不给钱，孩子就会拒绝。当孩子变得利益至上时，就会亲情淡薄。

其次，会让孩子斤斤计较，唯利是图。当父母对孩子事事"按劳付酬"时，时间久了，会发现孩子在做一件事情之前，会问父母做完给多少钱，甚至会对父母支出的酬劳讨价还价，这正是斤斤计较、唯利是图的表现。这样的习惯伴随着孩子成长将让孩子很难融入集体。

最后，会令孩子对"劳动"产生错误的认知。父母培育孩子财商，要在孩子心中建立"劳动最光荣""劳动令人快乐"的思想观念，这样在未来孩子才能实现经济独立。"按劳付酬"会令孩子将劳动当成一件苦差事，感受不到劳动的快乐。只要没有报酬，就会拒绝。

父母需要明白，世界上有很多劳动是不能用报酬计算的。太过计较报酬，会让孩子失去的比得到的多。父母在让孩子通过劳动赚取零花钱时，一定要考虑保留孩子的纯真，谨慎按劳付酬，引导孩子与钱建立正确的关系。

在鼓励孩子赚取零花钱时，父母可以列出一份“工作清单”。这样的做法其实有利有弊，它能令孩子更有动力和目标地赚取零花钱，理解钱的来之不易，但也可能让孩子养成一个坏习惯，只要父母吩咐的事情，都要询问报酬，降低做事的积极性。

爱在我家训练营的一位学员妈妈曾分享她的经历。

她家有两个孩子，哥哥小杰、妹妹曼曼，小杰在“赚钱”这件事情上，要比曼曼积极很多，“工作清单”上的活儿基本都是小杰完成的。小杰在拿到妈妈的报酬后，对做事情赚钱就更加积极了。

某一天，妈妈跟小杰说，让他去帮妈妈拿一下快递，小杰说可以，但是需要妈妈支付 1 元钱的跑腿费。当时妈妈并没有放在心上，给他了。从这之后，小杰正式开始跟妈妈“按劳计费”。譬如，妈妈让小杰去楼下超市买一包盐，他可以去，但需要给他劳务费；吃完晚饭后，妈妈喊小杰陪自己散步，小杰说可以，但需要用钱来买他的时间和精力……

妈妈吩咐小杰的每一件事，小杰都会跟妈妈讨价还价，付了钱他才会做。妈妈意识到，再这样下去，小杰将会成为一个斤斤计较、利益至上、自私的人。

妈妈想了一个“以其人之道还治其人之身”的方法。

妈妈告诉小杰，以后小杰每让自己做一件事，都会跟小杰收取报酬。小杰听后，不以为然。之后妈妈不论是帮小杰洗衣服、送小杰上下学、给小杰做饭……每一件事都跟小杰收取报酬，小杰的零花钱很快就没有了。

当小杰没有钱支付妈妈报酬的时候，妈妈就停止帮小杰做事了。小杰终于认识到，自己每做一件事就向妈妈索要报酬是一件不对的事。

“按劳付酬”不是不行，当孩子步入社会后，工作中也会遇到“按劳付酬”的情景。但是父母一定要让孩子正确理解“按劳付酬”，协助孩子区分责任与义务，亲情、友情、协作等是不能用“按劳付酬”来衡量的。

父母如何帮助孩子正确区分“按劳付酬”呢？陈老师有以下几点建议：

1. 给孩子树立正确的财富观。

有的人不富有，但是生活依旧很美满；有的人很富有，却有着无穷的烦恼。金钱不是万能的，它买不到快乐，买不到健康，也买不到幸福。人生中有太多的东西高于金钱，父母需要给孩子树立正确的财富观。当孩子有了正确的财富观，才不会过于看重金钱。

2. 给孩子灌输正确的劳动观。

在现实生活中，有很多劳动是不能和金钱挂钩的，譬如帮父母做事、做义工，等等。这些劳动即便不给报酬，也能令人感到快乐。父母需要给孩子灌输正确的劳动关系，告诉孩子“劳动最光荣”“劳动令人快乐”。孩子有了正确的劳动观念，才不会计较金钱，也就能正确看待按劳付酬了。

3. 父母要有针对性的“按劳付酬”。

有多少付出，就有多少回报。但是，“回报”并不仅意味着金钱。譬如，在路上帮助一个需要帮助的人，他的“谢谢”就是回报。在生活中，父母要有针对性地对孩子“按劳付酬”。譬如，带孩子去乡下体验劳作，孩子的酬劳就可以用按劳付酬，但是日常帮助父母做一些事，就不能按劳付酬。

4. 用正确的方法激励孩子。

父母对孩子实施“按劳付酬”的目的，是为了激励孩子劳动。但是，金钱不是唯一一个激励的方法。父母用口头表扬或是带孩子外出游玩、看电影等方式也能激励孩子，这样的方式也能达到激励孩子劳动的目的。

“按劳付酬”是一种公平的支付酬劳的方式，但是，它并非适用于所有情景。那些不可用的情景，父母要切记不要使用。父母的无心之举可能会磨灭孩子的纯真，可能让孩子误解自己与钱的关系，无法用正确的态度对待钱，也就无法树立正确的金钱观。

爸妈请注意：给孩子一个“正式岗位”

虽然很多父母都会为孩子提供赚取零花钱的“工作”，这个“工作”往往是为父母打工。但是，父母是孩子最亲近的人，孩子可能因此在工作的过程中没有那么认真，可能会懈怠，或者做得没有那么好。

即使孩子做得没那么好，父母也会支付酬劳。一是因为，在许多父母眼中，让孩子通过劳动赚取零花钱，目的是让孩子体验劳动，明白“有劳动就有回报”的道理，至于孩子究竟做得怎么样，其实没那么看重；二是因为孩子在做完“工作”后，知道自己没有做好，会向父母撒娇耍赖，所以哪怕孩子“工作”做得没有那么好，父母也会给孩子“报酬”。

父母这种不计较和孩子靠撒娇耍赖得到报酬，会误导孩子产生错误的观念，也会使孩子养成不好的习惯。从观念上来说，孩子会错误地认为，只要自己做了，不管有没有做好都可以拿到酬劳，那么孩子在“工作”的时候，就会越来越不上心、不尽心，变得没有责任感。父母可以迁就孩子，但社会不会迁就孩子。在孩子长大后，迎接他的将是一次次无情的打击。

在现实之中，每个行业都有艰难之处。父母要尽可能早地让孩子明白，工作要认真要全力以赴。父母可以给孩子提供一个“正式岗位”来让他们赚取零花钱。孩子在“正式岗位”上，按照严格的标准“工作”，自然能明白钱不好赚的道理，继而在工作的时候就会尽心尽力，花钱的时候也会倍加珍惜。

爱在我家训练营中的小伟妈妈曾分享她的经历。

小伟在替妈妈“打工”这件事上很积极，因为小伟想赚取更多的零花钱，而小伟的积极也是妈妈喜闻乐见的。但是，随着小伟替妈妈“打工”的次数越多，暴露的问题就越多。

小伟的数学很不错，妈妈会让小伟做一些数据统计工作。起初小伟做得很不错，鲜少会统计错误。随着小伟工作的次数越来越多，态度也变得漫不经心起来，以至于经常出现错误，需要妈妈重新统计。

起初几次，小伟都跟妈妈要赖撒娇，妈妈也没和他计较，将报酬一分不少地给了小伟。但小伟并没有如妈妈想象的那般，在下一次认真对待。所以妈妈改变了想法，妈妈告诉小伟，以后每算错一次，就要扣钱。小伟并没有将妈妈的话放在心上，工作依然不是很认真，结酬劳时却依然会想方设法多要一点儿。

为了让小伟认真对待“工作”，明白钱不好赚，妈妈为小伟提供了一个“正式岗位”，带小伟参加了一个体验项目：干农活。

那时，天气很热，妈妈带着小伟去体验插秧。一天劳动结束后，妈妈发现小伟的秧苗不是距离不均匀，就是东倒西歪，大部分都需要农民伯伯修正。秧田主人给大家发放酬劳时，小伟也不敢向严肃的秧田主人随便撒娇，最终只拿到了被扣除一半的酬劳。

图 22　让孩子体验“正式岗位”

通过这件事，小伟明白，只有认真做事才能得到应有的酬劳，同时也意识到，钱并不是那么好赚的。

自从体验农活之后，小伟在给妈妈“打工”的时候，再也不会漫不经心了。

在给孩子提供一个“正式岗位”方面，陈老师有以下几点建议：

1. 父母可以让孩子为自己“打工”，但要认真对待。

因为孩子年龄小，并不能从事大部分社会上的工作，所以让孩子为父母打工是令他们通过劳动赚取零花钱的最佳方法。不过，父母在让孩子为自己“打工”时，一定要认真对待，实现“按质量扣费制度”。

在孩子做完“工作”后，父母要对孩子的工作表现作出评估。如果孩子做得不好或是没有完成时，就要实行扣费。孩子看到父母严格执行规则，就会下意识认真对待自己的“工作”。

2. 带领孩子找一份“正式工作”。

父母可以带领孩子找一份“正式工作”，由聘用孩子的老板给孩子发酬劳。譬如，父母可以带孩子去农家乐，农家乐的老板一般很愿意配合父母，通常会给孩子提供正式的“工作岗位”，严格计算孩子做了多少农活，然后发放酬劳。当孩子看到老板的严格和自己付出艰辛得来的报酬，就能体会到赚钱不易，并对钱更加珍惜。

爸妈请注意：培养孩子吃苦耐劳的精神

越吃苦耐劳的人，越有可能树立正确的金钱观。

如果孩子在面对父母提供的“工作岗位”时，总是抱怨工作太脏太累，或是抱怨干活日晒雨淋，这表明孩子是缺乏吃苦耐劳精神的。

天上不会掉馅饼，想要赚钱，就必须要付出劳动，只不过，有些是体力劳动，有些是脑力劳动。在从事劳动时，绝不能缺乏吃苦耐劳的精神。

一旦缺乏吃苦耐劳的精神，那么就可能什么都做不好。

跳水女王郭晶晶很注重对孩子的财商培育。她不会随意给孩子零花钱，而是让孩子通过劳动赚取零花钱。她会给孩子提供“工作清单”，其中的“工作”也都以培养孩子吃苦耐劳精神为主。譬如，她会带孩子去乡下和农民一起干农活、让孩子去洗车，等等。只有孩子做完了，做好了，她才会给孩子零花钱。

父母想要培育孩子的财商，需要先培养孩子吃苦耐劳的精神。有了这股精神，孩子才能在日后实现经济独立。与此同时，吃苦耐劳的精神与孩子的意志力也息息相关，能让孩子有一个更正确的消费观和金钱观。所以，当孩子在父母这儿赚取零花钱时，父母要下意识地培养孩子吃苦耐劳的精神。

爱在我家训练营中的学员秋秋妈妈曾分享她的经历。

起初，在秋秋给妈妈“打工”赚取零花钱时，妈妈想到什么“工作”，就让秋秋做什么。每次干完，妈妈都会及时给他酬劳。孩子拿到报酬后，也更加干劲十足。于是，妈妈给孩子列出了一份“工作清单”。

让妈妈没想到的是，秋秋专门挑选“工作清单”上轻松、耗时短的事情做，那些比较辛苦比较累且耗时长的事情，秋秋问也不问。妈妈意识到，需要培养孩子吃苦耐劳的精神。因为步入社会后，没有一份工作是轻松的。只有吃苦耐劳，才能在职场上更长远。

妈妈对自己列出来的“工作清单”进行了完善。根据“工作清单”上工作的劳苦、难易、耗时等因素，提供不同的酬劳。越是劳苦、难度大、耗时长的工作，酬劳越高。反之，越是轻松简单、耗时短的工作，酬劳越低。

秋秋想赚取更多的零花钱，只能做高酬劳的工作。这样，在工作的过程中，其吃苦耐劳的精神就不知不觉养成了。

如何培养孩子吃苦耐劳的精神呢？李贺老师有以下几点建议：

1. 给孩子提供一些又苦又累的“工作”。

通常，孩子赚取零花钱的方式，都是替父母“打工”。父母提供的“工作”如果太轻松，会让孩子产生一种“钱很好赚”的错误观念。这种错误观念会导致孩子对钱不珍惜，也会令他们在长大后接受不了又苦又累的工作。

在现实社会中，没有哪一份工作是轻松的。父母想让孩子明白钱来之不易，长大后能更适应社会，就要给孩子提供一些又苦又累的“工作”，从小培养他们吃苦耐劳的精神。

2. 在孩子“工作”的过程中，父母要给予鼓励。

现今，大多数孩子都没吃过什么苦，当初次面对又苦又累的“工作”时，会有许多的抱怨，可能会坚持不下去。面对这样的情况，父母要给予孩子鼓励，引导孩子坚持下去。久而久之，孩子就会发展出吃苦耐劳的精神了。

需要注意的是，父母在给孩子安排又苦又累的“工作”时，要讲究循序渐进。如果一开始就给孩子安排高强度的又苦又累的“工作”，会打击孩子的自信心，令孩子产生恐惧退缩的心理。父母要把握好尺度，根据孩子的心理和体力的接受能力来安排“工作”。

3. 及时给孩子发放酬劳

父母要及时给孩子发酬劳，令孩子觉得自己的辛苦付出是值得的。并且，孩子会越发有斗志、有勇气继续面对之后的又苦又累的“工作”。父母切不能拖延给孩子酬劳的时间。

第六章

财商需要会“赚钱”又节俭

钱是流动的，善于赚钱，钱就会不断地流进来；聪明地花钱，钱就会流到有用的地方。父母想让孩子树立正确的财富观，除了要教会他赚钱，也要让他懂得如何聪明地花钱。

像对待好朋友一样，珍惜钱、不随便浪费钱，钱自然会因为孩子的节俭而留下来。

不随便浪费

勤俭节约是一种品质，也是中华民族的传统美德。如何判断一个人是否勤俭节约？不浪费是评判的标准。

浪费是一种不好的习惯，父母要观察孩子是否有浪费的陋习。

孩子是否有以下一些习惯：在吃东西的时候，总是吃一半扔一半；衣服稍微有点儿旧了，就不愿意再穿；玩具玩了一两次后，就不会再玩，并央求爸妈买新的……

孩子的这些行为，都是浪费的行为。一旦孩子染上了“浪费”的陋习，那么他的金钱观和消费观就会脱离正轨。

在金钱观上，当孩子浪费久了，就会觉得金钱来得很容易，会不懂得珍惜；在消费观上，因为对钱不珍惜，使得孩子在花钱的时候大手大脚。错误的金钱观和消费观会让孩子无法树立正确的财富观。

想让孩子树立正确的财富观，就应该让孩子正确看待钱，在日常生活中，选择和它相处的正确方式，而不是随意浪费。

是什么原因令孩子染上了浪费的恶习呢？这或许与孩子的生活环境有关。

在现在的大环境中，浪费现象很常见。在街头，人们将吃了一半的食物丢进垃圾桶；在食堂，几乎每一桌的餐盘里都有没有吃完的食物。有数据表明，就目前我国的食物浪费量，足够养活三个中小国家的人。

从孩子生活的小环境中，父母不经意的浪费行为，会让孩子有样学样。父母带孩子外出吃饭时，总是点吃不完的菜；购买的衣服只因为不流行了，就不再穿了。孩子耳濡目染，就会不知不觉地染上了浪费的陋习。

“一粥一饭，当思来之不易”，每喝一碗粥，吃一碗饭，都要想一想这是付出多少劳动才能得来的。父母想要培养孩子的财商，让孩子未来不为金钱而烦恼，就要从小培养孩子勤俭节约的好习惯，使他们懂得“一粥一饭，来之不易”的道理。

爱在我家训练营里的学员小娅妈妈曾分享她的经历。

在小娅很小的时候，吃饭时会出现很多情况，譬如，吃得很慢、总是吃不完。后来，她养成了吃饭总是吃不完的习惯，不是饭剩下大半，就是菜剩下大半。每一次在饭桌上，妈妈都会为吃饭的问题和小娅讲道理。她每次都答应妈妈下一次一定好好吃饭，且都吃完，但每一次她都做不到。

妈妈意识到，孩子总是浪费饭菜是一个非常不好的习惯。但是小娅对妈妈的批评已经麻木，如何才能让小娅做到不浪费呢？就要让孩子真正明白食物是来之不易的。为了让小娅在这点上提升认知，妈妈首先带小娅去了乡下，带小娅体验田间劳作，两天的田间劳动以及太阳暴晒，让她明白粮食是用汗水换来的；其次，妈妈带小娅去了超市，和小娅一起购买菜与粮食，让小娅意识到食物是用钱买来的；最后，妈妈准备让小娅明白钱是怎么来的，让小娅收集废品赚钱，并用赚来的钱去买菜与米面。小娅在妈妈的引导下体验了赚钱的艰辛，小娅辛苦一个月赚来的钱连一顿菜钱都付不起。

小娅真正明白了食物来之不易。此后，在吃饭的时候，她再也不浪费了。

在引导孩子勤俭节约方面，坚坚老师有以下几点建议：

1. 及时指出孩子的浪费行为。

浪费是一种不好的行为习惯，但是如果父母不指正，孩子自己是很难察觉的。当父母察觉孩子有浪费的行为时，要及时指出，并告诉他们浪费是一种不好的行为。与此同时，父母也要告诉孩子，勤俭节约才是正确的做法。孩子知道了才会有意识地改正。

小娅碗里还有一大半米饭，就不再吃了　　妈妈带小娅去田里劳作

妈妈带小娅去超市购物

小娅辛苦得到的酬劳只能买很少的菜

图 23　让孩子学会勤俭节约

2. 看到他人铺张浪费时，父母要及时为孩子区分。

孩子身上很多的坏习惯，是通过模仿而来的。父母在带孩子外出或是观看电视节目时，如果发现他人有铺张浪费的行为，就要及时为孩子区分，告诉孩子这些行为是不对的。孩子知道不对才不会学。在碰到相似的情景时，也能分辨好与坏。

3. 父母以身作则，做到勤俭节约。

父母作为孩子最亲近的人，一言一行都是孩子学习和模仿的对象。父母不想孩子染上浪费的陋习，就要先注意自己的言行，不在孩子面前有浪费的行为。如果想培养孩子勤俭节约的好习惯，就要在孩子的面前做到勤俭节约。

4. 让孩子自己“赚钱”。

孩子小的时候，不会为金钱烦恼，不会明白一粥一饭、一针一线的来之不易，以至于在花钱的时候会不假思索，吃穿用时不懂节省。如果让孩子通过自己的劳动“赚钱”，并用他赚到的钱去买粥米针线，他会立即明白钱的来之不易。父母可以适当放手，让孩子自己“赚钱”，并让孩子用赚来的钱消费，让孩子体验“赚钱”的艰辛。

人如何对待钱，钱就如何对待人。如果习惯了浪费，就会失去钱；如果珍惜它，不浪费，钱也会助人一臂之力。所以，父母需要从小培养孩子勤俭节约的好习惯，也要不断检验自己花钱的方式。

不盲目攀比

攀比也是阻止孩子树立正确财富观的又一绊脚石。

想要和钱成为朋友，要尽可能减少攀比，让钱用得更加物超所值。攀比会让人失去理性，对理财造成很大困难。

攀比是一种很常见的心理，也是一种很常见的现象。大部分人一生中会经历无数次攀比。譬如，在学生时期，希望自己的成绩比人好；在步入职场后，希望自己的表现比其他同事出色；为人父母时，希望自己的孩子比别人的孩子优秀，等等。这些都是攀比。

孩子虽然年纪小，但是，当他对外界的意识觉醒后，就会不自觉地攀比。攀比是一把双刃剑，用在对的地方，能够使孩子进步，用在错的地方，对孩子来说将会是一场可怕的灾难。譬如，当孩子将攀比用在物质的比较上时，带给孩子的就将会是无尽的痛苦。

有这样一个寓言故事：

有一位国王，他有一个非常漂亮的花园。有一天，他在逛花园时，发现花园里的植物全都枯萎了，只留下一株不起眼的小草。国王问小草：“花园里的植物为什么都枯萎了？”

小草回答说：“橡树因为比不过松树的又高又大而死、松树因为比不过葡萄会结果子而死、葡萄因为比不过橡树能开出漂亮的花朵而死、牵牛花因为比不过丁香能开出芬芳的花朵而死、丁香因为比不过牵牛花能开出大花朵而死。”国王听后，便问小草它为什么没有枯萎。小草说：“我不想和其他植物比较，所以我生机勃勃。”

爱在我家训练营中的学员骏辉妈妈曾分享她的经历。

在骏辉读二年级时，有一天放学回家后，骏辉突然跟妈妈说他想买一个新书包。妈妈问骏辉想买新书包的理由，他说他们班有很多同学都换了新书包，他也想换一个新的。对此，妈妈毫不犹豫地拒绝了，妈妈告诉他，他的书包一点儿都没坏，还可以继续用，等到不能用的时候再买新的。

骏辉缠了妈妈很久，见妈妈一直没有松口，便放弃了。妈妈以为买新书包的事到此为止，哪想到还有后续。

在风平浪静地过了几天后，骏辉再一次跟妈妈说，他需要买一个新书包，他的书包被课桌上的钉子划破了。妈妈将他的书包拿过来一看，发现书包一侧确实有一处很长的破损。但是，根据妈妈的经验判断，书包上的破损不像被钉子刮破的，倒是像被刀子划破的。

骏辉依旧自顾自地跟妈妈说，他想买一款和同桌一样的新书包，并仔细描述同桌书包是什么模样的。妈妈放下手中的书包，严肃地问骏辉，书包上的口子究竟是不是钉子划破的？如果是，那么妈妈明天会去他的教

图 24　教会孩子不盲目攀比

室看看他课桌上的钉子长什么样。骏辉一听妈妈要去他的教室，眼神立即有些闪烁。

妈妈认真地对骏辉说，妈妈理解他想要买一个和同学一样的书包的心情，就像妈妈有时候看到别人背着漂亮的包，也想买。但是，世界上有太多具有诱惑力的东西了，不可能将每一样都买下。优秀的小朋友，应该和别人比较谁更努力，更有理想，而不是物质的富足。透过妈妈不断的引导，骏辉放弃了换与同学一样书包的想法，并设定了一个目标，学习同桌每天坚持阅读，培养自己的好习惯。

当孩子爱和他人攀比物质时，就好比走进黑暗的无底洞。他的所有心思都将用在攀比上，不会考虑钱的来之不易，也不会意识到自己的消费观念存在问题。一旦孩子对物质的攀比形成习惯，日后不仅无法实现经济独立，还会陷入金钱的魔障。

父母要理解孩子的攀比心理和行为，但是也要注意孩子在攀比什么。当孩子攀比物质时，父母就要提高警惕，要积极引导孩子控制自己的物欲。

如何引导孩子控制自己的物欲呢？李贺老师有以下几点建议：

1. 给孩子树立正确的三观。

孩子会攀比物质，是因为没有正确的世界观、人生观和价值观。父母需要帮助孩子建立正确的三观。在世界观上，引导孩子正确看待世界的物质；在人生观上，帮助孩子树立积极进取、乐观向上、自强不息的人生态度；在价值观上，要告诉孩子世界上有很多东西都比金钱有价值、有意义，引导孩子平衡权力、地位和金钱之间的关系。当孩子有了正确的三观，能正确处理自己与钱、物质之间的关系，就不会痴迷攀比物质，也能控制住自己的物欲。

2. 告诉孩子家庭的经济状况。

告诉孩子家庭的经济状况是有效遏制孩子物欲的方法之一。很多物质欲强的孩子，并不清楚自己的家庭经济状况如何。因为不清楚，才要求父母买这个买那个，才会萌生出和他人攀比物质的心理。倘若将家庭的经济状况告诉孩子，孩子就会思量自己的消费是否超过家庭的承担范围。一旦发现自己的消费超过家庭的承担范围，就会下意识地克制。

3. 及时告知孩子攀比物质是不对的行为。

每一种习惯的养成都要经历很长一段时间。父母在发现孩子有攀比物质的行为后，如果不及时指出并纠正，时间久了，孩子就会养成坏习惯。平时，父母需要注意孩子的言行，当孩子透露出强烈的物欲和攀比物质的行为时，要及时告知孩子这样的行为是不对的。同时调整孩子的比较焦点，引导孩子把关注点放在个人的成长、努力、才华上，而不是放在外在的物质上。

4. 设置“家庭吉尼斯纪录”帮助孩子控制物欲。

每个人的物欲都有一个由盛到衰的过程，最初，会有强烈的想要买的欲望，随着时间的推移，购买欲会渐渐平淡。只要控制最初的强烈阶段，就能战胜物欲。父母可以给孩子设置一个“家庭吉尼斯纪录”帮助孩子控制物欲。

譬如，当孩子想要购买某个东西时，如果一天没买就记录一天，当孩子回过头看自己能够忍那么多天不买想要的东西，除了会感到很有成就感，物欲也会变得越来越淡。

5. 培养孩子勤俭节约的好习惯。

孩子同他人攀比物质时，有的可能是自己已经有了还想要新的，有的是自己根本不需要的。如果孩子有勤俭节约的好习惯，就不会盲目攀比了。

不冲动消费

冲动消费，指人在外界因素的促发下，进行无意识、无计划的购买行为。譬如，明明不想买，但是看到别人买后，也跟着买；在别人的教唆和刺激下，稀里糊涂地购买自己不需要的东西。很多时候在买过之后就会很后悔，意识到自己的冲动消费是错误的。

冲动消费，是生活大敌。如果缺乏正确的金钱观和消费观，思考浅显，甚至根本不思考，就会无法找到与钱友好相处的途径，无法合理地使用钱。

让孩子远离冲动消费的最佳方法，是引导孩子在消费的时候三思而后行。

曾有这样一个新闻报道。

有一位父亲，他的儿子今年 9 岁。不久前，孩子做了一件令爸爸很生气的事儿——他偷偷花了爸爸一千多元。

爸爸是一个手机游戏迷，平时在家很喜欢打游戏。爸爸打游戏的时候并没有避讳孩子，通常，爸爸在打游戏的时候，孩子会在一旁看。久而久之，孩子也迷上了打游戏。爸爸很开明，并不反对孩子玩游戏。相反，他很支持孩子在寒暑假或周末的时候玩一玩游戏，他认为玩游戏能够开拓孩子的思维。

基本每一款游戏里都有各种各样的收费项目，譬如，购买皮肤和装备，皮肤能够让游戏人物更耀眼，装备能够提升游戏人物的攻击力。孩子看到其他玩家的游戏人物炫酷、厉害，便没有忍住，偷偷用爸爸的支付宝往游戏里充值了一千多元。

充钱事情发生后，爸爸愤怒地问孩子为什么要往游戏里充这么多钱时，孩子只说了三个字——“没忍住”。

在现实生活中，这样的事情不在少数。很多孩子在玩网络游戏时，都曾往游戏里充值。等父母发现后，问孩子为什么充值时，孩子也都千篇一律地回答“没忍住”。问孩子知不知道自己的行为是错误的，孩子也会很乖巧地回答自己知道错了。

什么原因让孩子在明知道是错误的还要坚持消费呢？因为冲动，因为孩子在消费前没有三思而后行。

爱在我家训练营中的雯雯妈妈曾分享她的经历。

雯雯平时是一个很知道省钱的女孩，但是她有一次也冲动消费了。

有一回，雯雯和同学放学后一起逛学校附近的小店。几个小女孩来到发饰区，立即被几款亮闪闪的发夹吸引住了。雯雯也看中了一款，她拿着发夹反复试戴了好几次，心里有想买的冲动。不过，在看到价格后，她又犹豫起来。她带的钱是够的，但是她需要买文具。就在她即将放下发夹的时候，她的几个同学都一个劲地夸她戴着好看，纷纷劝她买下。

最终，雯雯没有抗拒得了诱惑，还是一冲动就将发夹买了下来。在回来的路上，雯雯一直沉浸在买下好看发夹的喜悦之中，但是回到家

雯雯买了一个漂亮昂贵的发夹

看着空空的存钱罐和老旧的文具，雯雯开始叹气

图 25　告诉孩子警惕冲动消费

后，她开始后悔了。因为她原本还打算买文具的，现在零花钱花完了，她不得不继续将就着用之前的旧文具。

妈妈见雯雯拿着新买的发夹唉声叹气，问她怎么了。雯雯说，她在冲动之下买下了发夹，现在很后悔。妈妈告诉雯雯，东西既然已经买下了，现在后悔也没用，而是应该想一想自己为什么会冲动消费，如何避免冲动消费。妈妈告诉雯雯，避免冲动消费的最好方法是三思而后行。或者把购买的决定放到第三天，再看看自己是否还想买。

对于如何引导孩子避免冲动消费，陈老师有以下几点建议：

1. 思考购买的东西是不是我需要的。

通常，人的消费习惯有两种，一种是先想自己需要什么，然后消费；一种是看到某件东西，然后消费。就后者而言，如果不思考“这个东西是不是我需要的”，就直接买下，那么就属于冲动消费。

父母要引导孩子，在看到某件东西时，不能因为第一眼喜欢或是因为其他外界因素的影响和刺激就马上付款，而是应该冷静下来，想一想这个东西是不是自己真正需要的。如果不是，就要果断放弃，如果是自己需要的，则可以考虑购买。

2. 思考购买的东西是不是超过了自己的经济承受范围。

在经过思考，孩子确定东西是自己需要的后，还需要考虑另一个问题：东西的价格是否超出了自己的经济承受能力？如果超出了，依然坚持要买，就属于冲动消费。如果没有超出，则可以购买。

3. 思考消费时是否受到了外界因素的影响和刺激。

冲动消费大多是因为受到了外界因素的影响。想要让孩子判断自己的消费是否含有冲动的因素，可以引导孩子思考，自己在消费时是否受到了外界因素的影响或刺激。如果有，就要控制自己的购物欲，做到理性消费。

当然，除了帮助孩子三思而后行远离冲动消费外，父母也可以给孩子灌输正确的消费观，培养孩子勤俭节约的好习惯，以克制冲动消费。

学会讨价还价

生活中，在购买某件产品时，如果能讲价，大部分人一定会跟商家讨价还价。因为，讨价还价能省下不少钱，省下来的钱还可以买其他东西。

讨价还价是消费的必备技能，也是节俭的表现方式之一。培育孩子的财商，也要教孩子讨价还价的技巧。

不过，大部分孩子在讨价还价上的表现很欠缺，或是根本不会讨价还价，造成这种局面的原因是什么呢？

首先，在于孩子自己。孩子性格内向，不善交际，就会不懂得组织语言讨价还价；孩子可能不知道钱的来之不易，对钱不珍惜，也不会讨价还价。

其次，在于父母。有一些父母不屑于讨价还价，认为讨价还价是小家子气，孩子受到父母思想观念的影响，也不会讨价还价；有的父母很懂讨价还价，但却不够重视孩子是否掌握了讨价还价的技能，使得孩子不会还价或是还价的技能不熟练。

父母需要明白，讨价还价并不是小家子气，讲价后省下的钱，是实打实的。一次讨价还价，省下的钱很小，多次讨价还价后，省下的将会是一笔可观的财富。很多高财商的人，都深谙讨价还价之道。

在美国华尔街，有一位投资天才，名叫格林。因为她喜欢穿黑衣服，所以有“华尔街女巫”之称。格林是一位身家超过几十亿美元的富豪，她能够积攒如此多的财富，与她爱讨价还价的习惯息息相关。

格林初入华尔街时，并没有多少财富，她用来投资的钱是一点点省下来的。她每次去餐厅点菜时，总会和服务员对菜价讨价还价；她每次购买产品时，都会和老板讲价。她从不放过任何一次讨价还价的机会，使得她省下一大笔钱，她将这些钱用于投资，最终实现了财富增长，成为有名的富豪。值得一提的是，她在成为大富豪后，还是保持讨价还价的习惯。在生活上，她也很节俭。

富豪都在讨价还价，普通人还有什么理由不讨价还价呢？父母要教孩子讨价还价的技巧，孩子学会讨价还价将受益终生。

爱在我家训练营中的学员冬冬妈妈曾分享她的经历。她家里有两个孩子，哥哥冬冬，妹妹小雅。

有一回，两兄妹攒了很久的零花钱，想要给外公买一个摇椅。妈妈带着两个孩子去了家具城。两个孩子看了好几家店，最终选中了一款竹藤摇椅。

这款竹藤摇椅是用竹子和树藤编织而成的，非常别致，妈妈也很喜欢。为了锻炼孩子们讲价的能力，获得讲价经验，妈妈没有主动开口和店铺老板讲价，而是交给兄妹俩去讲价。

冬冬和小雅在一旁窃窃私语一阵后，妹妹小雅甜甜地先喊了老板一声“叔叔”，然后问，藤椅多少钱？老板说了一个价格。妹妹小雅问老板，能不能便宜点？并向老板表示，她真的想买。老板说最多便宜 50 块，再多就不行了。

小雅露出很苦恼的表情，她声情并茂地跟老板说，她买这把藤椅是送给外公的，买藤椅的钱是她和哥哥攒的零花钱。但是，目前的价格还是很高，他们的钱不够，能不能再便宜点。

老板想了想，问小雅与冬冬手上一共有多少钱？

小雅说了一个数。

老板摇了摇头，说不行，然后他又报了一个“最低价”。

就在小雅面露犹豫时，冬冬拉住了小雅的手说，在其他店也看中了一款摇椅，价格比刚刚的最低价还要低。

小雅一听，也露出了感兴趣的表情。不过，她还是跟老板说，她很喜欢这款摇椅，如果老板的价格不能再便宜一点儿，那就只能去别家看看了。

图 26　教孩子讲价的技巧

兄妹两人，妹妹唱白脸，哥哥唱黑脸。没一会儿，老板按照小雅的报价将藤椅卖给了他们。

可以看出，两个孩子是非常会讨价还价的。

如何教孩子学会讨价还价呢？坚坚老师有以下几点建议：

1. 让孩子明白钱的来之不易。

孩子不讨价还价，可能是因为不明白钱的来之不易。倘若孩子知道钱的来之不易，就会对钱倍加珍惜，会主动地讨价还价。父母需要告诉孩子并让孩子体会到钱的来之不易。

父母可以告诉孩子花费的每一分钱都是父母努力工作赚来的。为了让孩子体会到父母赚钱需要付出的时间与体力，可以带孩子参观工作环境，告诉孩子父母工作的具体内容。也可以让孩子通过自己的劳动去赚钱，这能让孩子深刻体会到钱的来之不易。

2. 告诉孩子讲价前，要先货比三家。

同样的产品，不同的品牌，报价会有所不同。但是，产品的成本价是大差不差的。当我们看中某件商品时，可以先去其他商家看看相同产品的价格，货比三家后，根据其中最低的价格来讨价还价。需要注意，报价要尽可能往下压，如果商家坚决不卖，那么可以适当提高价格。在提价的时候，要一点点儿往上加。反复几次，价格就能谈成了。

3. 增加信息的全面性，对比网上价格后，再讲价。

互联网的发展，让网络购物兴起。孩子如果去实体店购买产品，在还价前，可以教他在网上查一查有没有同款。如果有同款，可以按照网上同款的价格来还价。需要注意，报价要比网价再低一点儿。如果商家坚决不买，可以一点点儿地往上调价。

4. 告诉孩子某些商品的报价和成交价。

父母的购物经验要比孩子的购物经验丰富得多，对于很多商品的报价和成交价都了然于心。为了避免孩子在讨价还价的时候盲目报价，父母可以结合自己的消费经验，告诉孩子某些商品的报价和成交价。这样，能令孩子有更大的概率讲价成功。

5. 告诉孩子讲价时，不能让商家看破心思。

与商家讲价，其实是一场心理战。如果在商家的面前将想买的心思表露得淋漓尽致，那么将很难讲下价格。如果在商家面前表露出三分想买七分犹豫，那么价格就能还下来。所以，父母要告诉孩子，在讨价还价时，不能被商家看破想买的心思。

6. 讲价时要嘴甜。

父母要告诉孩子，讨价还价时，嘴巴要甜。“叔叔”“阿姨”的称呼能让商家的态度软化大半，只要报价与商家心中的底价相差不大，再说两句甜话，讲价就基本能成功。

正确看待节俭

想要孩子树立正确的财富观，学会正确地与钱交往，父母就需要引导孩子正确地看待节俭。

节俭是一种优秀的品质，是中华民族的传统美德，但不知道从什么时候起，它被扭曲为一种丢人的行为。

譬如，很多人在饭店吃饭时，不会打包没有吃完的饭菜，并认为打包是一种丢人的行为；去公司上班时，明明坐地铁比开车更便捷，却依然开车去，认为挤地铁是一件丢人的事儿，不符合自己社会精英的身份；去商场买衣服时，总喜欢买超出自己经济承受范围内的衣服，并认为廉价的衣服不上档次……

当孩子身边充斥着认为节俭很丢人的人，孩子又怎么能正确看待节俭呢？孩子不懂得节俭，也将很难守住财富，无法和钱保持良好的关系，反而会沦为花钱的机器。

父母培养孩子的财商，教会孩子和钱正确相处，除了减少无端的浪费之外，也应该避免为了虚荣多花钱、乱花钱。

越是成功富有的人，就越注重节俭，并以节俭为荣。长期占据“世界首富”头衔的比尔·盖茨，他一直在身体力行地向人们阐释什么是节俭。

比尔·盖茨的生活十分节俭。在穿着上，他的衣服非常朴素，从来不追求大牌和高级定制，都是以简单舒适为主；在吃食方面，他不在乎价格是否昂贵，只要健康、味道好；在出行上，他每次乘坐飞机时，没有特殊情况，都会坐经济舱。有一次，他去参加一个展示会，主办方给他定了头等舱，比尔·盖茨知道后，硬是让主办方换成了经济舱；在住的方面，他每次出差时，都会订下榻酒店的标准间，从来不住总统套间。

在生活中，比尔·盖茨也处处节俭。有一回，比尔·盖茨约朋友去饭店吃饭，但是饭店内的普通停车位已经满了，只有贵宾停车位。他的朋友建议他将车停在贵宾停车位。但是，比尔·盖茨拒绝了，因为贵宾停车位一个小时要比普通停车位多支付几美元。最后，他将车开出停车场，在饭店外找了一个普通停车位。比尔·盖茨请朋友吃饭，也没有摆阔气，点的菜都很普通，分量也刚刚好。

比尔·盖茨之所以这么节俭，是因为他将省下来的钱捐给了更需要帮助的人。在他眼里，他不觉得节俭丢人，相反，他认为节俭非常有意义。

著名作家托马斯·J·斯坦利在他的著作《邻家的百万富翁》中，从多个方面写了多位美国富翁的故事，譬如这些富翁是如何投资理财的、如何积累财富的、如何教育子女的，等等。在这些富翁身上，他发现有许多共同点，其中一点就是他们的生活都很节俭，并且以节俭为光荣。他们在教育自己的子女时，也向子女灌输节俭的观念。

爱在我家训练营中的阿泽妈妈曾分享她的经历。

阿泽在学校上体育课时，发生了一件糗事。在跑步的时候，阿泽一只鞋的鞋底脱胶了，裂成了两片。同学们看到他的鞋子像张开的鸭嘴巴，纷纷大笑起来。

阿泽觉得很丢脸，满脸通红。回到家后，他跟妈妈提出，他要重新买一双运动鞋。妈妈看过阿泽的运动鞋，发现鞋子仅仅是脱胶了，用胶水重新粘上，可以继续穿。当妈妈将她的想法告诉阿泽时，阿泽说不行，他坚持要求妈妈给他买一双新的。

妈妈再次和他强调，鞋子粘好后可以继续穿。阿泽却听不进去。妈妈问他为什么执着于买新的？阿泽说，这双鞋子今天让他丢脸了，如果他再穿这双鞋子去学校，同学们一定会再次笑话他的，而且大家都看见这双鞋子已经坏了，继续穿只会让同学觉得他很穷，这会令他很不好意思。

从阿泽的话语中，妈妈听出，他认为节俭是一件很丢脸面的事，是穷酸，这样的想法明显是错误的。

节俭并不丢人。父母想要培育孩子的财商，想让孩子未来能够守得住财富，就要引导孩子正确看待节俭。

父母引导孩子正确看待节俭时，陈老师有以下几点建议：

1. 告诉孩子节俭是一种美德。

孩子认为节俭很丢人，是因为没有正确认知节俭。父母需要正面告诉孩子，节俭是中华民族的传统美德，是一种值得学习的精神、值得肯定的品质。当孩子正确认知节俭后，就不会抗拒节俭了。同时，为孩子区分节俭与穷酸，即使有一些人家庭条件不算很好，也只是现在不好，要让孩子用发展和长远的眼光来看待，即使是穷酸，也不应该被嘲笑。

2. 用名人节俭的故事给孩子做榜样。

古往今来，有许多名人都是节俭的人。父母给孩子讲述名人节俭的故事，能够给孩子起到榜样作用。名人是孩子学习的对象。当孩子发现名人身上有值得学习的点后，他会不自觉地去学习。还要让孩子知道，名人都不觉得节俭丢人，并且以节俭为荣，他有什么理由认为节俭丢人呢？

3. 赋予“节俭”特殊意义。

人在做一件有意义的事情时，会特别有动力。父母想让孩子学会并做到节俭，可以赋予“节俭”特殊的意义。比如，可以告诉孩子，他节俭下来的钱可以捐给贫困山区的孩子。将“节俭”与“慈善”联系起来，孩子会非常乐意并主动做到节俭。

4. 让孩子为自己的节俭记账。

一次节俭，省下来的钱可能微不足道，但很多次节俭后，省下来的钱会非常可观。父母可以给孩子准备一个账本，让他们将自己每一次节俭省下来的钱记在账本上。在半年、一年后，将省下来的钱进行累加，当孩子看到可观的数额后，在惊讶的同时也会感到激动、喜悦，就更有动力继续节俭了。

5. 父母以身作则，向孩子展示节俭。

孩子不能正确对待节俭，很大程度与生活的环境有关。如果父母在孩子面前表现出节俭很丢人的想法，孩子的观念就会向父母靠拢，也认为节俭丢人，并抗拒节俭。父母想让孩子正确看待节俭，并身体力行地节俭，先要摆正自己对节俭的看法。父母应该以身作则，向孩子展示节俭，孩子才会成为一个节俭的人。

节俭小窍门

节俭是中华民族的传统美德，在孩子步入校园后，老师也会给孩子灌输这样的观念。但是，孩子在接受这样的观念后，可能并没有很好地执行。在生活中，他们依旧浪费，花钱大手大脚的习惯也没有得到及时的纠正。

对此，父母不仅要从孩子的身上找原因，也要从自己的身上找一找原因。比如，父母有没有告诉孩子生活中一些节俭的小窍门？如果没有教孩子，孩子又如何懂得节俭呢？父母需要教授孩子一些生活中节俭的秘诀，这会让孩子受益终身。

爱在我家训练营中的学员倩倩妈妈曾分享她的经历。

倩倩在小时候有一个习惯，喜欢收集写短了无法握住的铅笔。几年下来，她书桌的抽屉里已经积攒了很多铅笔。

某天，倩倩在整理书桌的时候，看到抽屉里的铅笔，不禁感慨：这些铅笔加在一起，相当于几十根完整的铅笔了。如果这些铅笔头能充分利用，可以帮自己省下一笔买铅笔的零花钱。

妈妈发现后及时引导倩倩说："任何事物都有节俭的秘诀，只要你肯动脑筋，就一定会想出将这些铅笔充分利用的方法。"

倩倩听后，开始深入思考起来。

其间，妈妈也给了倩倩一些提醒，铅笔之所以不能用了，是因为无法握在手里，只要想办法能够将其握在手里，就能够充分利用。

在妈妈的提醒之下，倩倩开始想各种办法，最后倩倩找到一根不用的中性笔笔套，将铅笔头塞进笔套中，发现恰好可以牢牢固定。就这样，她将这些铅笔再次利用了。

节俭的窍门源于对生活的摸索，父母的经历比孩子多得多，经验也比孩子多得多，父母将自己总结出的节俭小窍门教授给孩子，可以让孩子少走许多弯路。

父母可以教授孩子哪些节俭的小窍门呢？李贺老师有以下几点建议：

1. 反季节购物。

图 27　教孩子节俭的方法

在生活中，常常会看到商家在夏季的时候清仓冬季的商品，在冬季的时候清仓夏季的商品，这些反季节的商品，价格往往低得惊人。实际上，这些商品在当季的时候，价格并不便宜，只是在反季时降价了。所以，反季节购物能够省下很多钱。

2. 折扣日购物。

商家为了促销，每年都会有各种各样的促销日，譬如年中大促、双11购物狂欢节等。在促销日里，商品都会有不错的折扣价。可以引导孩子在促销日之前，先列一个购物清单，在促销日里一起买下，将省下一大笔钱。

3. 网上购物。

互联网的发展，令网络购物兴起。因为电商在门面费、水电费上支出更少，也不用聘请很多导购员工，成本就降低了，商品的价格自然也就下调了。因此，网上购物要比实体店购物便宜得多。父母可以教孩子学习网上购物，当然，网上购物也有一些省钱小窍门，比如货比三家、懂得砍价，等等。

4. 引导孩子开动脑筋，针对特定事物思考节俭小窍门。

生活中的每一件物品都是用钱买来的，尤其是一些消耗品，如果不注重节俭，很快就会用完。父母需要引导孩子开动脑筋，针对特定事物想一想如何节俭。节俭在于积少成多，节俭的事物越多，时间越长，那么节俭展现的效果就越明显，并在节俭中，不知不觉地省下一大笔可观的财富。

生活中，还有很多节俭小窍门，父母可以引导孩子留意生活，总结出有用却容易被忽视的节俭小窍门。

第七章

“零花钱计划”

零花钱是孩子很喜欢的“好朋友”，但是，很多孩子不善于和这个“好朋友”打交道，不是随随便便地花，就是牢牢地捂在口袋里，无法让它发挥自己真正的作用。

父母平时要给孩子零花钱，同时带领孩子制定一个“零花钱计划”。有了“零花钱计划”，孩子就可以养成有计划支配零花钱的好习惯，同时掌握理财技巧。

合理规划零花钱

零花钱是孩子形影不离的“小伙伴”。很多孩子从小就对这个“小伙伴”非常感兴趣，迫切地想要得到它。

在生活中，绝大多数父母都会给孩子零花钱，有的是尊重孩子，认为孩子长大了，有自己的想法，有想买的东西；有的是为了培养孩子的财商，希望孩子通过支配零花钱，觉醒“钱意识”；有的是无所谓，因为给孩子的零花钱在自己眼中微不足道……

但是大多数父母可能会发现，自己给孩子的零花钱，孩子总是不够花。很大程度上是因为孩子在花钱的时候大手大脚，没有规划，不懂节省。那么，孩子为什么会大手大脚地花钱呢？

首先，钱来得太容易，让孩子不懂得珍惜。如果父母给孩子很多零花钱，或是孩子每次向父母要零花钱时，父母都会给，就会令孩子认为钱来得很容易。这样孩子在花钱的时候，就不会三思而后行。孩子会理所当然地认为，零花钱花完了可以再问父母要。

其次，孩子的物欲太强，想买的东西一定要买到。在孩子小时候，如果孩子想要买什么，父母都依从孩子，会让孩子的物欲变强。在孩子有了自己的零花钱后，但凡有想买的东西，他会想也不想地就去买。

最后，不正确的消费观会令孩子的零花钱不够花。譬如，孩子喜欢攀比或是容易冲动消费，这些消费习惯使得孩子有再多的零花钱也会不够用。

作为父母，在面对孩子零花钱总是不够用的情况时，该如何做呢？

如果孩子不够用，父母继续给，只会助长孩子花钱大手大脚的坏习惯；如果将孩子狠狠教训一顿，这样很容易激起孩子的反抗心理，甚至会使孩子为了金钱而误入歧途。其实，最好的方法是教导孩子对零花钱进行一个合理规划。

之前说过，我在我的孩子很小的时候，就给他们零花钱了，也给他们财务自由。但是，在这个过程中，父母会碰到许多令人头疼的问题，其中最大的问题之一，就是孩子的零花钱总是不够花。

当孩子问父母索要零花钱时，父母都明确地拒绝了。因为我们深知，我们的妥协就是对孩子的纵容，如果我们给他们一次，他们往后会问我们索要无数次。所以，坚坚老师建议从两个方面来解决这个问题。

首先，父母让孩子通过替父母“打工”赚取更多的零花钱，让他们体会到赚钱的不易；其次，父母教导孩子对零花钱进行一个合理的规划。在此，坚坚老师以他的儿子特特的消费习惯为例。

特特是一个卡通动漫迷，每当特特看到喜欢的动漫模型，会想也不想地掏出自己所有的零花钱去买。特特花钱大手大脚，是因为他生活中没有什么其他要花钱的地方。为了纠正特特这个毛病，坚坚老师人为地制造出了几个特特需要花钱的板块。譬如规定家庭成员过生日时，其他家庭成员需要用自己的零花钱给过生日的人买生日礼物；自己的学习用品需要用自己的零花钱买；看望长辈时，各人买各人的礼品……

特特在经历过几次没钱买生日礼物、学习用品后，再也不敢将所有的钱花在买动漫模型上了。在爸爸的引导之下，他将自己的钱划分了几个部分，并对这些钱进行了合理的规划。

在教导孩子合理规划零花钱上，坚坚老师有以下几点建议：

1. 引导孩子将零花钱分为几个部分。

虽然父母平时给孩子的零花钱数额不大，但是，孩子逢年过节收到的压岁钱对孩子来说却是一笔“庞大的财富”。既然父母想让孩子财务自由，那么孩子的压岁钱也应由他们自己支配。为了防止孩子乱花钱，父母可以引导孩子将这些钱分为几个部分，比如多少钱需要存起来、多少钱用于零用。

对于平时的零花钱，也可以做细致的划分，比如其中多少钱用于社交、多少钱用于购买文具、多少钱用于购买自己心仪已久的东西、多少钱存起来，等等。当孩子对零花钱有了明确的划分，就不用担心他们会冲动、盲目消费了。

2. 记录零花钱的收支，并复盘。

现今，很多父母会选择用信用卡消费，这个月的花费下个月还。在平时，对小笔支出不怎么在意，等到下个月账单出来后，看到还款的大笔金额，才猛然意识到自己的花销多么的大，在接下来的消费中，就会有意识地控制。可见，账单能够给人警醒的作用。

父母可以给孩子准备一个账本，培养孩子记账的习惯。当孩子回过头复盘时，再看自己的消费，就会更清楚地认知到哪些消费是不应该的。如果支出的金额过大，孩子也会意识到，下个月不能再花这么多。

3. 制定一个存钱的目标。

父母在教导孩子合理规划零花钱时，切不能忘记制定一个存钱的目标。因为存钱目标能有效遏制孩子乱花钱的坏习惯。

制定存钱目标需要讲究循序渐进，对于花钱大手大脚的孩子，一开始不能制定很高的目标，因为这会让孩子内心很抗拒。要从小目标到大目标。当孩子看到自己达成目标时，会感到自豪、满足，这股情绪会让孩子再接再厉。渐渐的，孩子就会改掉乱花钱的坏习惯，零花钱也不会不够花了。

启动记账模式

为了让孩子从小树立正确的财富观，积累和钱打交道的经验，父母需要给孩子零花钱。但是，给孩子零花钱后，又会面临各种各样的问题。

首先，不管给孩子多少零花钱，可能孩子总是不够用。每次用完后，孩子都会伸手再问父母要，如果父母不给，孩子心里就会很难受；如果给了，又可能会让孩子形成花钱大手大脚的习惯。其次，孩子对自己零花钱的支出总是糊里糊涂。比如，每次问孩子钱花到哪里去了，孩子总是不能清楚地说出来；问孩子买的东西单价是多少，也记不清楚。

在孩子身上，这样的情况很常见。父母想让孩子不乱花钱，想让孩子的零花钱花得明明白白，其实很简单，给孩子一个记账本，培养他记账的好习惯。

记账能够使孩子清楚地知道自己的消费习惯，并发现消费习惯中存在的问题。只有先发现问题，才会去改正。此外，记账还能够使孩子学会节俭，培养理财观念。很多富翁都有记账的习惯，他们认为，记账能够帮助他们实现财富增长。

洛克菲勒家族是一个超级富有的家族，家族甚至将“记账”作为家训，这个传统是由记账员出身的老洛克菲勒定下的。

在洛克菲勒小时候，父母不会给他很多零花钱，他想要获得尽可能多的零花钱，只能打零工获取报酬。他做过挤奶工，去地里干过农活，当过搬运工，等等。洛克菲勒在父亲的建议下，将自己赚到的每一笔零花钱都记在了本子上，与此同时，他也记下了自己的每一笔支出。

后来，洛克菲勒成为大富翁，但他依然坚持记账，并且将记账的习惯带到工作中，这些账目有的甚至只有几美分。正是他有记账的习惯，令他对成本核算特别敏感。

洛克菲勒有一个炼油厂，他曾经在自己的账本中记下提炼每加仑的油花费不到 1 美分。后来，炼油厂交给经理管理。有一回他翻看炼油厂的账目，发现经理提交给他的账目中，提炼一加仑油需要将近 2 美分。于是，他对炼油厂做出了调整，实现了利益最大化。

洛克菲勒认为，记账既能够守住财富，也能使财富增长，于是他将记账作为家族传统。在洛克菲勒家族中，每个孩子从小就要学习记账。这也是这个家族繁荣至今的原因之一。

父母想要让孩子的零花钱花得明明白白，就需要培养孩子记账的习惯。当孩子养成了记账的好习惯后，父母就不需要担心孩子乱花钱了，同时还可以让孩子学会判断买的东西是否与价值相符，买了它是否让自己快乐。

爱在我家训练营中的学员伟伟妈妈曾分享她的经历。

伟伟所在的学校每年都会组织游学活动，时间两到五天不等。以往伟伟妈妈都会为伟伟准备好吃的、喝的和用的，因此伟伟在游学中，鲜少有花钱的地方。伟伟妈妈经过训练营的学习后，没有再为伟伟提前准备东西，她想看看缺少父母监督的伟伟，对零花钱的掌控力如何。

伟伟在临走前，带上了所有的零花钱，数目并不少。结果令妈妈很意外，游学回家后，伟伟不仅将钱花光了，还向其他同学借了一些。

妈妈问伟伟将钱用到什么地方了，伟伟跟妈妈说用在了吃喝上，当妈妈具体问吃了哪些东西时，他能想出来的屈指可数。

很显然，伟伟对自己的消费是没有意识的，伟伟不记得自己每一笔消费的金额，又怎么能把控住每天的消费金额？因此才出现把自己的零花钱都花光，还向他人借钱的情况。

针对这样的情况，妈妈开始有意识地培养伟伟记账的习惯，并规划好每天的平均消费，再记录下自己的每一笔消费，对自己的花费有一定的控制。当伟伟看到每天的花费金额接近规划的平均消费金额时，心里就会响起警告，大脑就会产生“不能再花费”的意识。

父母如何培养孩子的记账习惯呢？坚坚老师有以下几点建议：

1. 给孩子一个精美的记账本。

生活需要仪式感，有了仪式感，才会用期待的心生活。父母想要培养孩子记账的好习惯，也要让孩子对记账有期待的心情。如何调动孩子记账的积极性呢？可以试试给孩子一个精美的记账本。

精美的记账本能够起到吸引孩子的作用，父母可以购买一个，也可

伟伟不知道自己把钱都花在了什么地方

妈妈给了伟伟一个精致的记账本，每天督促他记账

图 28　培养孩子记账的习惯

以和孩子一起做一个。需要注意，不管是买还是做，都要遵循孩子的想法。只有孩子中意了，他才会愿意记账。

2. 教导孩子如何记账，并督促孩子记账。

父母教导孩子正确的记账方法。记账的目的是查看钱花到了哪里，花了多少。在记账的时候，要做到清晰、一目了然。孩子初次记账时，可能不知道如何记，如果父母不给予教导，孩子可能会记得乱七八糟。

此外，在孩子记账的过程中，父母要及时督促孩子执行。记账贵在坚持，孩子因为年纪小，缺乏耐心，如果父母不督促，他们往往三天打鱼，两天晒网，这样记账就没有什么意义了。

3. 引导孩子完善账本。

在孩子的账本中，可能会存在许多错误。对于这些错误，父母要引导孩子发现，并对这些错误进行改正。辅导孩子对账本进行完善，帮助孩子提升财商。为了训练孩子对记账的敏锐度，父母可以做一本有欠缺的账本，让孩子检查，并进行完善。在这个过程中，父母需要注意孩子的心情，对心理敏感的孩子，父母需要注意把焦点更多地放在孩子已做到的部分，并对这个部分进行强化，而不是对孩子没做到的地方过多纠正，这样会让孩子有挫败感，不利于孩子坚持做下去。

4. 对孩子的坚持记账行为给予鼓励和奖励。

记账是一个长久的过程，它需要耐心和毅力的支撑，每一个坚持记账的孩子都值得被肯定。父母在孩子记账的过程中，要给予孩子鼓励，让孩子有动力坚持下去。在孩子坚持记账一段时间后，父母就可以给予孩子一定的奖励，让孩子有动力再接再厉。

有节有制，理财意识

与孩子的零花钱相关的话题，一直饱受父母热议。有两个话题讨论度较高，一个是该不该给孩子零花钱？一个是给孩子多少零花钱合适？

一部分父母认为，不应该给孩子零花钱。因为，孩子的吃穿用度父母全都准备妥当，孩子在生活中根本没有什么花钱的地方，即使要花钱，也可以带孩子一起买。如果给孩子零花钱，很难保证孩子不会养成乱花钱的坏习惯。

另外一部分父母认为，应该要给孩子零花钱。因为，孩子在支配零花钱的时候，其独立能力和自我主见都能够得到提升。与此同时，通过零花钱还能够培养孩子的理财能力，提升孩子的财商，和钱相处时会更游刃有余。但这部分父母会被“给孩子多少零花钱才合适”困扰。

哲学家培根曾经说过：“如果孩子小的时候，在金钱上过分吝啬于他，孩子在性格上将会变得猥琐。”有心理学家也认为，父母越早给孩子零花钱，越能让孩子适应成年后的生活，孩子也会为自己有一个“小钱库”而自豪。

更重要的一点是，零花钱可以令孩子自觉产生理财意识，有利于孩子快速学会并掌握理财技巧，对花钱、理财与投资有积极的思考。因此，不管是为了培育孩子的财商，还是为了让孩子身心健康地成长，都应该给孩子零花钱，让他们尽早实践和钱打交道，尽早学会合理利用钱。至于该给孩子多少零花钱？父母做到有节有制即可。

爱在我家训练营中的学员晶晶妈妈曾分享她的经历。

妈妈一直都有给晶晶零花钱的计划，并根据孩子的年龄、需求等因素确定了不同阶段的零花钱数额，并将每月1日作为零花钱发放日。

晶晶在拿到零花钱之前，会非常憧憬地想买这个买那个，拿到零花钱后，就立即行动。以至于在刚得到零花钱的几个月里，不到5日就将零花钱花光了。

在刚开始给零花钱的一段时间里，晶晶即使零花钱花完了也不会向妈妈索要，但是随着物欲带来的满足感越来越强烈，晶晶开始在花完固定的零花钱后继续向妈妈要钱。为了能要到钱，晶晶简直使出浑身解数。不过，妈妈没有妥协。妈妈清楚，有节制地给孩子零花钱，才能提升孩子的财商；没节制地给孩子零花钱，只会将他们推入欲望深渊。

不过，对于晶晶每月月初就将钱花光的情况，妈妈还是想了一个办法，她更改了零花钱的发放计划。

在零花钱数额不变的情况下，将零花钱平均分为5份，并将每个月的1日、7日、14日、21日、28日作为零花钱发放日。妈妈有节制地给晶晶发放零花钱，不仅遏制住了孩子的物欲，也让孩子渐渐懂得存钱、不能乱花钱的道理。

如何有节制地给孩子零花钱呢？李贺老师有以下几点建议：

1. 定期给孩子零花钱。

父母需要给孩子零花钱，但是，不能孩子张口要，父母就一定给。这样会使孩子不懂得钱的来之不易，容易养成花钱大手大脚的坏习惯。在给孩子零花钱时，父母需要根据孩子的年龄、需求、消费观等因素决定给多少，并且要固定日期。需要注意的是，如果孩子已经有不好的消费习惯，那么可以分期给，这样才能有效遏制孩子的物欲。

2. 让孩子通过劳动赚取额外的零花钱。

孩子肯定会有零花钱不够花的时候，如果孩子将钱用在社交上，譬如，孩子想给朋友买生日礼物，但钱不够，向父母要，父母需要仔细斟酌该不该给，不排除给了孩子第一次，就会有接下来的无数次。

如果孩子真的急用，父母也确实想给，不妨让孩子通过劳动赚取额外的零花钱，譬如给父母“打工”。让孩子通过劳动赚取零花钱，能够令孩子体会到赚钱的不易，在花的时候也会三思而后行。

3. 给孩子零花钱时，可告诉孩子一些理财方面的知识和技巧。

父母给孩子零花钱的目的之一，是希望孩子通过零花钱产生理财意识，学会并掌握理财的技巧。但是，如果父母不告诉孩子理财方面的知识和技巧，孩子就永远一知半解。父母在给孩子零花钱时，需要告诉孩子一些理财方面的知识和技巧。当孩子对理财足够了解后，他才会实践。

4. 给孩子零花钱时，与孩子约法三章。

很多父母担心给孩子零花钱后，孩子会乱花，想解决这个问题，需要和孩子约法三章。父母在给孩子零花钱时，要明确告诉孩子零花钱可以用在哪些方面，不可以用在哪些方面。孩子有了明确的认知，就不会随意乱花钱了。

零花钱也能做慈善

通过零花钱能够让孩子对钱了解、熟悉，能学会如何正确地使用钱，但是，在孩子自由支配零花钱时，不免会碰到乱花钱的情况。即使父母千叮咛万嘱咐，也没有效果，孩子在看到喜爱的东西后，还是控制不了自己，会情不自禁地花钱买下。

这种情况不能一味地责怪孩子，即使是父母在看到心仪的东西时，也会迫切地想要买下。何况孩子年龄小，自控力弱，更加控制不住自己的物欲了！有什么方法能让孩子控制住自己，不乱花钱买东西呢？可以尝试赋予零花钱特殊的意义，或者说是为孩子找一个目标，以遏制其乱花钱的行为。

在成年人不想乱花钱时，会为自己找一个目标压制消费的冲动，比如，钱要用来买房子、用来投资孩子的教育、用来创业，等等。当寻找到钱的真正用途后，就不会乱花钱了。同样的，孩子如果有乱花钱的行为，父母可以引导孩子找一个零花钱的特殊用途，将零花钱用来做慈善，是一种不错的方法。这可以让孩子懂得存钱、不乱花钱、对钱有规划等好处。

在孩子的成长过程中，很多父母渴望培养孩子善良的品质，做慈善也是培养这一品质的好办法。与此同时，做慈善还能够帮助孩子树立正确的消费观、金钱观、人生观、价值观，等等。这些都能促使孩子朝好的方向发展，对孩子的未来十分有益。引导孩子用零花钱做慈善，是对孩子未来的一种投资。

爱在我家训练营中的学员莉莉妈妈曾分享她的经历。

莉莉是个“芭比娃娃控”，在她的卧室里，几乎每个角落都能看到芭比娃娃。她也很喜欢亮闪闪的东西，譬如水晶工艺品。在很长一段时间里，她的零花钱都花在买这些东西上。

莉莉妈妈通过训练营的学习，知道应该培养莉莉不乱花钱，懂得存钱的习惯。妈妈知道莉莉天性善良、情感丰沛，所以根据训练营老师的建议，开始引导孩子用零花钱做慈善，帮她养成不乱花钱、懂得存钱的好习惯。

妈妈带着莉莉参加了一次慈善活动，一起来到贫困山区的一个学校，妈妈告诉莉莉，这个学校的很多学生每天需要走很久的山路才能来到学校，学校里的教学设施也很落后。在妈妈带着莉莉参观了学校后，莉莉的爱心立马被激发出来，她跟妈妈说她想帮助山区里的孩子。妈妈也趁机提议，可以用零花钱买一些学习用品捐给山区里的孩子，莉莉非常爽快地同意了。在给孩子们派发学习用品时，她也非常积极。

在离开学校时，莉莉异常认真地对妈妈说，她以后会少买芭比娃娃，要好好存钱，并将存下来的钱用来帮助这些需要帮助的孩子。

图 29　引导孩子用零花钱做慈善

钱能让人经济自由，也能让人助人为乐。父母要让孩子学会“爱钱”，也要让孩子学会正确用钱。引导孩子用零花钱做慈善，给这个世界带来美好，不仅可以培育孩子的财商，也能培养孩子的思想品德，一举两得。

在引导孩子用零花钱做慈善方面，李贺老师有以下几点建议：

1. 时刻提醒孩子做人要善良。

一种品质的形成，需要漫长的时间，善良作为品质之一，也需要很长时间才能培养成功。做慈善需要有一颗善良的心，有了善良的心，才会真心实意地做慈善，并会为自己可以帮助别人感到快乐。父母想要孩子心甘情愿地将零花钱用来做慈善，就要在平时培养孩子要做一个善良的人。

2. 激发孩子的善意，让孩子主动用零花钱做慈善。

在引导孩子用零花钱做慈善这件事情上，父母不能占据主动位置，要让孩子去主动。很多时候，父母强制性要求孩子做一件事，效果往往不尽如人意。比如，让孩子用零花钱做慈善，如果父母强制要求孩子去做，孩子会觉得自己的利益受到伤害，会十分反感并抗拒做慈善。

如何让孩子主动呢？父母可以激发孩子的善意。可以带孩子去福利院，感受孤儿的生活；带孩子去义工中心，看看义工是怎么帮助老弱病残的；带孩子观看慈善宣传片，明白做慈善的意义。当孩子的善良之心被激发出来时，孩子会主动要求用自己的零花钱做慈善。父母不能只是一味地说教、讲道理，而是应该让孩子有体验感，一次真实的体验感胜过成百上千次说教。

3. 培养孩子辨别是非的能力。

父母在培育孩子善良的品质时，也要培养孩子辨别是非的能力。当孩子有了辨别是非的能力，他才不会被伤害，也会愿意用零花钱做慈善。

善良是一种难能可贵的品质，但是，有时候太过善良，会被用心险恶的人利用、伤害。如果孩子知道自己帮助的人根本不需要帮助，只是伪装成需要帮助时，会打击孩子的心灵，会使孩子质疑自己用零花钱做慈善究竟对不对。

4. 父母要以身作则，主动做慈善。

孩子的一言一行都受到父母的影响，如果父母不做慈善，却引导孩子做慈善，孩子会萌生出“我的爸妈都不做慈善，我为什么要做慈善”的想法。久而久之，孩子就会抗拒做慈善。

父母需要知道，在一个家庭中，做慈善并非是孩子一个人的事，而是一家人的事。只有一家人一起做慈善，孩子才会有动力。在孩子面前，父母要以身作则，带头做慈善，给孩子树立一个好榜样。

5. 告诉孩子做慈善要量力而行。

做慈善是一种心意，需要根据自身的经济状况量力而行。如果用来做慈善的钱超出了自己的经济承受范围，并影响到自己的生活，那么慈善带来的就不是快乐，而是困扰。父母需要告诉孩子，做慈善一定要量力而行。

关于零花钱的误区

对于孩子来说，对待钱的态度很重要。

父母不希望孩子乱花零花钱，不珍惜零花钱，但是也不能让孩子刻意存钱，让零花钱失去“流动”的价值。无论哪一种，都不是和钱相处的正确之道，都不会让孩子和钱成为朋友。

想要孩子树立正确的财富观，父母要让孩子端正对待钱的态度，不对零花钱产生误区。

坚坚老师不久前和朋友带着各自的孩子聚餐，让坚坚老师吃惊的是，朋友家的孩子原本是个胖乎乎的小男孩，才不到一年没见，居然瘦了一大圈。坚坚老师问他的朋友，是不是妈妈让孩子减肥了？朋友否认了，并告诉坚坚老师，妈妈并没有让孩子减肥，是孩子自己不吃饭才会变瘦的。

朋友的孩子读寄宿制学校，每两周回家一次。妈妈每次都会给孩子两个星期的生活费。因为担心孩子遇到急事没钱用，每次都会给多点儿。但是，不管她给多少，孩子都不够用。

妈妈意识到孩子花钱很厉害后，想了几个让孩子存钱的办法教给孩子。这些方法很有用，让孩子在存钱上特别有动力，每次都会存下不少钱。但是，让她没想到的是，孩子为了存钱，居然节约吃食，有时甚至不吃饭。她发现的原因，一来是孩子越来越瘦，二来是孩子存下的钱一次比一次多。

坚坚老师听完朋友的话，并未感到诧异，在现实生活中，很多孩子为了存更多的零花钱苛刻自己，譬如，为了不那么快买文具，往往作业本上的字写得挤成一团，以节省空间；为了存下坐公交车的钱，每天都走路上学；每天早饭的钱也都存下来，不吃早饭。

父母希望孩子不要乱花钱，希望他们能养成节俭的好习惯。但是，存零花钱的前提绝不是苛刻自己。很显然，孩子的这些行为是走进了零花钱误区。

有关零花钱的误区远不止这些。

爱在我家的学员慧慧妈妈曾分享她的经历。

在慧慧读一年级的时候，妈妈让她对她的零花钱做一个理财计划。理财计划既可以让孩子不乱花零花钱，也能让零花钱中的每一分发挥最大的价值。

就这样，慧慧花了两天时间，将自己的理财计划写了出来。不过，妈妈看过她的理财计划后哭笑不得。

慧慧的理财计划是这样的：早餐 8 元，喂流浪小动物 5 元，跑步后买矿泉水 2 元，存储蓄罐 5 元，等等。在看完她的计划后，妈妈问她这个理财计划是不是她自己做出来的?

慧慧没有回答妈妈的问题，而是懵懂地问妈妈理财计划是不是有问题?

妈妈笑着告诉慧慧，这份理财计划问题非常大。

慧慧的早餐都是在家吃的，根本不需要在早餐上花钱；家附近没有流浪小动物，不需要花费钱喂小动物；慧慧可能有买矿泉水喝的需求，但是却不是跑步，因为她并没有跑步的习惯……从这些不符合慧慧自身生活习惯的理财计划来看，她的这份理财计划肯定是照搬别人的。

最后，慧慧很不好意思地跟妈妈说，她参考了同桌的理财计划，因为她觉得同桌的理财计划很好。

妈妈告诉慧慧，别人的理财计划再好，但不符合自己的生活，就是不适合自己的。一份优秀的理财计划往往得根据自己的生活进行规划。

父母可以帮助孩子建立零花钱计划，在孩子建立好零花钱计划之后，也要关注孩子是否实施，或者过度实施，谨防孩子走入零花钱误区。

图 30　帮助孩子制定自己的理财计划

如何防止孩子走入零花钱误区呢？坚坚老师有以下几点建议：

1. 明确告诉孩子零花钱的误区有哪些。

在一片雷区里，不告诉孩子哪个点埋着地雷，孩子就会有踩到的风险。

父母不想孩子走入零花钱误区，就要告诉孩子零花钱的误区有哪些。譬如，存零花钱不是建立在苛刻自己之上，理财计划不能跟风，零花钱切忌随存随用，等等。当把这些零花钱误区告知孩子后，孩子才会小心避开。

2. 关注孩子的言行，留意孩子零花钱的动态。

父母需要时刻关注孩子的言行，留意孩子零花钱的动态。因为有些零花钱的误区，父母可能不能立即想到，孩子可能会走进误区，或者即使将零花钱的误区一一告诉孩子，也不能完全保证孩子不会走进误区。可以根据孩子的言行和零花钱的动态，来探究孩子是否踏入了零花钱误区。如果踏入，就要将孩子及时从误区中拉出来。

3. 给孩子树立正确的是非观。

谨防孩子走入零花钱误区的最好方法，就是给孩子树立正确的是非观。当孩子知道什么是好，什么是坏后，他才不会踏入误区。所以，父母需要注重树立孩子的是非观，提高他们辨别是非的能力。

压岁钱的“大计划”

春节是每个孩子都非常喜欢的节日。在这个节日里，大人能放下手中的工作，坐在一起吃团圆饭，孩子看到长辈脸上都洋溢着笑容，内心也会感到快乐；在春节时，孩子可以短暂地不为成绩和作业而烦恼，只要玩得不过火，父母也不会责怪。在春节里，孩子最期待的重头戏，就是能收到压岁钱。

在过年的时候，长辈给晚辈压岁钱是一种习俗。爷爷、奶奶、外公、外婆、爸爸、妈妈以及一些其他亲戚都会给孩子压岁钱。因为经济发展和人们生活水平提高，长辈给孩子的压岁钱数额也越来越大。这些压岁钱累加在一起，将会是一笔不小的数目。和平日里父母给孩子的零花钱相比，甚至可以说是“巨款”。

为了培育孩子的财商，让孩子尽早使用和驾驭钱，父母应该将支配压岁钱的权利交给孩子。但是，有的孩子在拿到压岁钱后，往往没有办法和钱和谐相处，有时甚至会迷失自我，肆意挥霍。

孩子有心仪已久且昂贵的东西，平时零花钱不够，只好忍耐，但是，当拿到足够的压岁钱后，物欲会重新燃起，并且很难压制，最后会花钱将东西买下。

一般来说，压岁钱是孩子能接触的最大金额的金钱，如果能让孩子学会很好地管理压岁钱，在孩子长大后，也就能够更好地处理自己的财务问题。但是，压岁钱就像一柄双刃剑，利用好能够培育孩子的财商，利用不好则会养成孩子乱花钱的坏习惯。

为了培育孩子的财商，父母需要给孩子支配压岁钱的权利。不过，在孩子收到压岁钱后，父母可以通过压岁钱对孩子进行理财教育，帮助孩子制定压岁钱计划。当孩子有了压岁钱计划后，就能更合理地管钱和花钱。

坚坚老师的孩子在很小的时候，就有固定的零花钱了。但是坚坚老师迟迟没有将压岁钱交到孩子手里。坚坚老师不让孩子过早管理自己的压岁钱，是因为压岁钱数额大，既担心孩子管理不好，也担心孩子会肆意挥霍。

人对财富的管理能力是随着钱的数额的提升而提升的。想要提高孩子对财富的管理能力，就要放手让孩子管理大笔财富，而不只是教他们大道理。后来，坚坚老师还是将管理压岁钱的权利交还给孩子。不过，为了防止孩子因为突然得到大额钱财而迷失自我，坚坚老师引导孩子制定了一份压岁钱计划。

计划主要分为两个部分，一部分是零花钱计划，一部分是压岁钱的投资理财计划。计划中的金额都根据孩子自身情况分配。

有了这份压岁钱计划，在父母的帮助下，孩子将压岁钱管理得井井有条。

在引导孩子做压岁钱计划时，坚坚老师有以下几点建议：

图 31 帮助孩子做一份压岁钱计划

1. 合理分配压岁钱。

压岁钱是一笔不小的钱，不做分配的话，就会稀里糊涂地花掉大半。在孩子没有收到压岁钱，或是已经收到压岁钱但还没有使用之前，可以引导孩子对压岁钱做合理的分配。譬如，可以将压岁钱分为两个部分，其中大部分存起来或是进行投资理财，小部分用作零花钱。当然，对零花钱也要有合理的分配，比如多少钱用来买文具、多少钱用来社交、多少钱存起来，等等。当孩子对压岁钱有一个明确的分配，就不用担心孩子会挥霍了。

2. 给孩子开一个银行账户。

要知道，孩子在拿到压岁钱后肆意挥霍，很多时候都是冲动消费导致的。在收到压岁钱后，将钱存到银行账户里，能有效遏制孩子的冲动消费。因此给孩子开一个银行账户很重要。此外，父母给孩子开一个银行账户，还可以让孩子有足够的时间想一想压岁钱的具体规划。

3. 引导孩子投资理财。

投资理财可以纳入压岁钱计划当中。压岁钱是一笔可观的财富，将其进行投资理财，能够实现财富增长。父母可以告诉孩子投资理财相关的知识，帮助孩子找到适合他的理财方式，并鼓励孩子执行。当孩子看到自己的压岁钱实现了增长，会主动地不乱花。

在孩子的财务计划中，压岁钱计划是重中之重，如果学会和钱相处，能够利用好压岁钱，孩子在未来将受益一生。

第八章

用理财投资未来

对孩子来说，培养理财投资思维很重要。掌握有效且重要的理财投资思维，学会自主地投资赚钱，孩子便可以更好地获得财富。

父母应该尽早让孩子涉猎理财投资，让他学会如何管理自己的钱，如何独立自主地投资赚钱，如此，孩子才会拥有一个更加美好的未来。

来一堂假期理财课

在孩子放寒暑假时，父母会有哪些安排呢？有的父母选择给孩子报兴趣班，包括游泳、舞蹈、美术等；有的父母选择让孩子“温故知新”，提高学习成绩，报数学、语文、英语等学习培训班；也有一些父母希望孩子能见识外面的世界，来一次短期的家庭旅行，或是让孩子参加游学项目。

很少有父母会给孩子报假期理财课，让孩子系统地了解、接触理财，更不会有意识地让孩子接触理财渠道和产品。事实上，理财课对于孩子非常重要，让孩子尽早思考如何面对有限的金钱，如何使其增值，如何积极地处理和钱之间的关系，如何不成为钱的奴隶，是非常重要的。通过理财课，从短期来说，孩子可以学习更多的理财知识，可以更好地改掉乱花钱、盲目消费的坏习惯；从长远来说，孩子可以逐渐养成正确的理财观、财富观，尽早学会和钱的相处之道以及学会拥抱金钱的能力。

一些学校非常重视孩子的理财教育，有的学校甚至规定个人理财课合格才能毕业。

《富爸爸，穷爸爸》中说：“如果你不教育你的孩子理财，将会有更多人教育他们，这个人很可能就是债主、奸商甚至骗子；而且可以肯定，这些人不仅会传授一些良好的理财习惯给孩子，恐怕还会让孩子付出沉痛代价。”

不一样的父母有不同的教育观念，不同的教育决定不一样的人生。孩子的未来需要自己创造，父母也需要给予正确的教育和引导。对于孩子来说，理财课与美术课、舞蹈课、语文课、数学课同等重要，甚至比这些更重要。

在孩子小时候，父母必须帮助他建立正确的财富观和人生观，进行理财的教育。

在让孩子去上理财课方面，陈老师有以下几点建议：

1. 让孩子知道为什么要上理财课。

父母应该明确告诉孩子，越早学会理财，长大越会管理钱，越能更好地实现梦想。现在这个社会，理财能力已经成为不可或缺的能力，学会理财，不仅能拥有足够的管理金钱的能力，还可以帮助自己处理复杂的社会关系。

孩子想要实现财富梦想，除了要有赚钱能力，更需要投资理财能力。甚至有的时候，理财能力要比赚钱能力更重要，如果不会管理钱，再多钱都可能被花光、被浪费。

2. 让孩子尝试理财，做一个假期理财计划。

通过假期理财课，孩子掌握初步理财知识后，父母可以让孩子开始尝试理财，帮助孩子制定一个假期理财投资计划。比如，选择一个安全性高的理财产品，让孩子将理论知识付诸实践；让孩子认识储蓄，养成存钱的习惯；引导孩子树立正确的消费观，改变不良的消费习惯。

3. 父母也可以给孩子上一堂家庭理财课。

若是条件不允许，父母也可以亲自给孩子上一堂理财课。可以给孩子讲一些常用的金融常识、投资理财常识和原理，让孩子接触一些简单的理财原理。同时，父母可以让孩子参与家庭理财，比如旅行的花销预算、日常资金分配等；可以带孩子去银行，见证爸爸妈妈与银行打交道的流程，在实践中了解和掌握理财投资的相关常识。

4. 不局限于理论教育，重视孩子的实践和尝试。

很多父母可能会说："我非常重视孩子的理财教育，他很小的时候，我就给他灌输存钱、储蓄的观念。给孩子开银行账户，把他的压岁钱都存进去……"

其实，理财意识和能力的培养不能只局限于理论教育，只和孩子说学会理财，只让孩子上理财课，却不让他自己管理钱，不让他进行储蓄、金融投资的实践，很难有好的效果。

任何能力都是从实践中逐步培养出来的，父母不放手、孩子不尝试，那么孩子永远也无法独立自主地管钱，更没有办法提升财商。

进行家庭模拟金融投资

犹太人非常重视孩子的财商教育，从孩子小时候就教他认识金钱、管理金钱以及积极地使用钱和赚钱。大部分犹太家庭有一个惯例，当孩子1岁时，会把股票作为礼物送给孩子。北美的犹太人尤其喜欢送孩子股票，引导孩子从小培养理财意识。

犹太人认为，这会在孩子心中埋下投资理财的种子，随着孩子年纪的增长，他们还会逐步让孩子熟悉其他金融投资工具，慢慢学会金融投资。在这个过程中，孩子心中的种子不断发芽成长，等到孩子长大之后，自然就拥有投资思维、商业思维，可以让钱为自己服务。

很多父母并不理解这一做法，还会说“金融投资，成年人都搞不明白，还让孩子学？”“这么小的孩子懂什么金融投资？”事实上，从孩子的思维发展来看，6—12岁孩子的思维意识和认知水平已经趋向成熟，能够理解简单的金融投资工具和简单的金融投资操作流程。

“股神”巴菲特从小就接受投资教育，10岁开始尝试炒股，当时他时常跟着父亲到纽约交易所，在那里，他明白了一个道理——即便经济不景气，可有人仍可以赚钱——只要他能够提供人们所需要的东西。

后来，他在图书馆看到一本书，名叫《赚1000美元的1000招》，在这本书里他了解了一个改变自己人生的概念——复利。于是，他第一次尝试买股票，并且想办法拉姐姐入伙，买了 114 美元的城市服务公司的股票。虽然这次的股票投资他只赚了 5 美元，还错过了暴涨的最佳机会，可这让巴菲特真正见识到股票的价值，从此开始了自己的投资理财之路。

为了提高孩子和钱相处的能力，早早接触投资理财工具，父母可以在孩子 10 岁左右的时候就开始进行金融投资的演练，通过潜移默化的影响，让孩子尽早学会金融投资的基础操作。

爱在我家训练营的学员佳佳爸爸曾分享他的经历。

爸爸成立“家庭投资交易所”，提供基金、股票、债券几个具有代表性的金融产品。然后给佳佳简单介绍这些金融产品的概念、特征、交易流程、风险、收益等基本知识，并确认佳佳明白了。

图 32　进行模拟家庭投资活动

爸爸让佳佳用自己的零花钱，开始进行模拟金融投资，选择自己中意的产品。佳佳经过思考，选择了债券和股票，并且给出了自己的理由："债券风险较低，稳赚不赔，股票收益高，可以赚很多钱。"

然后爸爸从债券市场和股票市场选一只债券和股票，以一个月为期，按照真实涨跌盈亏与佳佳进行结算。在这个过程中，爸爸为佳佳解释什么是风险和回报，什么是利息和大盘，以及一些简单的投资原则，比如不能把鸡蛋放在一个篮子里，等等。

这样模拟事件一年之后，佳佳对真实的投资理财更加跃跃欲试，希望爸爸让她进行实战，选择一只真实的债券和股票。爸爸也很支持，因为没有尝试，孩子肯定无法真正理解金融投资，也无法打开投资理财的大门。在 11 岁时，佳佳开始利用自己的零花钱进行投资，爸爸不奢望她能成为投资家，也不希望她赚很多钱，只希望通过这种润物细无声的方式，让她尽早懂得如何正确地投资理财，如何正确和钱相处。

投资金融听起来高深莫测，很多投资家终其一生可能也无法真正做到百战百胜。可其中的流程和道理孩子也是可以了解的。让孩子接触金融产品，熟悉投资理财的过程，通过潜移默化的影响，让孩子自然地融入投资理财，对钱和钱的流动规律有充分把握，懂得为自己的未来投资。

在进行家庭模拟金融投资时，陈老师有以下几点建议：

1. 通俗易懂地介绍一些金融理财产品。

给孩子介绍理财产品时，如果讲专业的概念和理论，孩子很难理解。孩子在年纪还小的时候不需要理解专业理论，简单地知道其属性就可以了。比如介绍股票，可以这样对孩子说："它是某个公司发行的票据，可以买卖交易。股票买卖要在股票交易所里进行，可以根据行情、大盘看价格的上涨和下跌，然后决定买进和卖出……"

2. 给孩子灌输正确的投资理财观念。

告诉孩子，投资理财有赚钱的时候，也有亏钱的时候，不能只想着稳赚不赔；告诉孩子不能贪婪，不能只看收益，不看风险；正确的投资理念是既能承担风险，又不惧怕风险；投资不能把所有鸡蛋放在一个篮子里，要学会分散投资；不要幻想一次赚大钱，更不能妄想一夜暴富。

不管孩子投资什么，建议他先做一个投资计划，选好一个产品。父母可以引导孩子选择安全性高、收益好的产品，以确保安全性和收益性，从而增加孩子学习金融投资的兴趣。

这些投资观念也可以演变为人生的道理，对于孩子树立正确的金钱观、人生观有很大帮助。孩子从小就明白这些道理，在未来就不会输不起、贪婪，太看重利益得失。

3. 在日常生活中介绍企业与金融产品的关系。

日常生活中，时常会接触汽车、家电、食品、服装，可以通过这些东西给孩子介绍相关金融产品的知识，比如股票的发行企业、如何上市、股票投资常识等。比如，孩子爱喝可乐，可以介绍可乐公司的股票，或者讲一些孩子存钱的银行的股票情况。在金融投资演练时，可以建议孩子买熟悉的公司的股票。

体验储蓄的乐趣——按利计息

想让孩子树立正确的财富观，父母一定要培养孩子储蓄的好习惯，并且让其体验储蓄的快乐。当孩子从小开始存钱，然后投资，懂得“存钱—增值—投资”之间循环流动的关系，在未来就能更好地搞定自己和钱的关系。

事实上，大部分人小时候都收到过长辈给的压岁钱，5 元、10 元，甚至 100 元，收到压岁钱后会很开心地冲到小卖部买糖果、饼干、玩具等。“藏不住钱”的孩子一下午就能把所有钱花光；“好算计”的孩子，只会买最想吃、最想玩的东西，然后把其余钱存进存钱罐。

随着经济水平的提高，现在的孩子收到的红包越来越大，压岁钱变得越来越多，这么多的压岁钱，对于孩子来说可不是小数目，很多父母不会完全交给孩子支配，通常会自己保管。

名义上为孩子保管，很多时候这些钱最终都被父母花掉了，或是应付日常花销，或是为了应对紧急情况，甚至有的父母给自己买衣服、化妆品。有的父母用时想着等宽裕了再还回去，可之后就不了了之了。这会引起孩子的反感，认为父母“说给我保管压岁钱，却自己偷偷花掉，爸爸、妈妈骗人”“以后不会再让爸爸、妈妈保管压岁钱了……”

有的父母会给孩子开个人账户，把孩子每年的压岁钱存入账户，作为之后的教育基金。父母负责把孩子的钱存入账户，是一个好办法。还可以让孩子也参与存钱的行动，否则孩子就不知道储蓄的价值和意义。父母可以先让孩子把钱存入“父母银行”，先让他学会如何进行储蓄和管理资金。

爱在我家训练营中的琪琪爸爸曾分享他的经历。

爸爸组织了一个家庭会议，与琪琪商讨压岁钱保管与储蓄问题。爸爸提议：

第一，设立家庭模拟“银行”，琪琪单独开一个账户，每年的压岁钱存入账户；

第二，存款方式分为：零存整取，整存零取，方式不同利息不同；

第三，利息和银行保持一致，可以计入本金，也可以在月底取出来作为零花钱；

第四，大额取款需要提前 3 天预约，大额指 300 元及以上；

第五，父母和琪琪各设立一个记账本，记录存入、取出的钱的数额，年底核算账户余额。

琪琪对这个提议非常感兴趣，积极地参与其中。不过，琪琪也提出一个问题：“爸爸、妈妈，我把钱交给‘银行’保管，可我怎么知道你们不会花掉？！”父母和琪琪承诺道：“爸爸妈妈既然答应帮你保管，就绝不会乱花掉，银行不会随便花掉客户的钱。”不过为了让孩子安心，爸爸、妈妈会与孩子一起在真正的银行开一个联名账户，定期把钱存入，让琪琪更放心。

为了让琪琪明确看到账户里浮动的数字，爸爸制作了家庭银行存折，定期让琪琪观察账户中钱的动向。激励孩子不仅把压岁钱存入账户，还把剩余的零花钱也存入。孩子看自己账户的数额不断增多，内心也会欢喜、开心。爸爸、妈妈也很欣慰，因为在存钱的过程中，琪琪学会了储蓄，并且享受到储蓄的乐趣。

有的孩子很小就学会攒钱，会定期把零花钱存入存钱罐，可对银行、储蓄、理财并不了解，没有相关概念。从小建立正确的理财观念，让孩子

图 33　和孩子一起成立“家庭银行”

爱上储蓄，养成储蓄的好习惯，对于未来成长是非常有益的。

如何让孩子养成储蓄的好习惯呢？陈老师有以下几点建议：

1. 告诉孩子储蓄的概念和常识。

父母应该使用正确的方法，帮助孩子了解基本的储蓄知识，比如，什么是储蓄，储蓄的方式有哪些。告诉孩子把钱存入银行，可以获得利息，实现升值；存入定期，利息比较高，可以享受复利的好处；零花钱可以零存整取，存到固定金额后满足自己的愿望，买心仪的、价格贵的玩具，或者做旅行基金等。

2. 帮助孩子树立储蓄目标。

作家戈弗雷在《钱不是长在树上的》一书中说，孩子在学习储蓄时，应该准备三个罐子：一个罐子里的钱，用于日常开销，作为零花钱；一个罐子里的钱，作为短期储蓄，用于实现小目标；一个罐子里的钱，长期存银行，用于实现长期目标。

当孩子学习储蓄时，让他了解储蓄的目标是很重要的。存入零花钱，是为了小目标，比如买玩具、买礼物；存入压岁钱，是为了做教育基金，为了出国留学……不同的储蓄方式应该确定不同的储蓄目标，如此才能让孩子攒更多的钱，并领略储蓄的意义和乐趣。

3. 选择合适的储蓄方式。

父母可以带孩子去银行开设储蓄账户，让他亲自把钱存入银行，输入自己的密码。也可以尝试让孩子把钱存在“家庭银行”，并按照真实银行的利息计算。这两种方式都是不错的选择，不管选择哪一种，都需要让孩子认识储蓄、理解储蓄，让他学会更好地管理自己的钱。

向爸妈“贷款”“借鸡生蛋”

父母要告诉孩子：最好是花自己的钱，不过有时候，借钱也是非常必要的。面对钱不足时，向他人借钱或贷款，让钱发挥积极的作用，也是非常不错的选择。因为钱不能总在一个人手里，它需要在人与人之间相互流动。

在投资理财这方面，“借”是一个法宝。纵观世界上成功的富人，大都会巧妙地运用“借”，借钱、借人、借物，可以说是“无所不借”。其实，不论是向银行贷款，还是办理信用卡，都是向人借钱，只不过借款对象是银行。卡尔·阿尔布雷克特曾说：“如果你想很轻松地使自己获得成功、获得财富，而又不用什么实际的投入的话，就要学会巧妙地运用‘借’字，这是最高明的一种手段。”

有一个穷人和富人挖煤的故事。

很久以前，穷人在佛祖面前抱怨说，上天很不公平，富人每天悠闲自在，却可以赚很多很多钱。自己每天吃苦受累，还赚不到钱。为了公平，他求佛祖让富人和自己一样，成为穷人，干苦活累活。佛祖答应了，把富人变成穷人，并让他们一起去挖煤。

穷人干惯了这活儿，很快挖好了煤，到集市上卖掉，然后把钱买了好吃的解馋。富人没干过这活，干一阵歇一阵，到傍晚才挖好了煤，到集市上卖掉。他只买了馒头、清汤，然后把其余的钱存了起来。

过了一段时间，穷人依旧每天挖煤、卖钱、花光用来吃喝。可富人却用节省的钱雇了两个工人替自己挖煤，自己在一旁指挥。虽然富人需要为工人开工资，可因为两人干活效率高，赚的钱要比穷人更多。又过了

穷人和富人一起挖煤
聘
穷人每天都把工钱花光；富人攒下了很多钱，雇了两个人给自己打工
穷人还是穷人，富人越来越富有

图 34　穷人和富人

一段时间，穷人依旧是穷人，而富人雇用的人却越来越多，赚的钱也越来越多，很快又成了富人。

富人正是巧妙利用“借”的思维，借力、借穷人的时间来为自己赚钱。“借”是投资者最好的赚钱方式，在这个社会，任何一个不会“借”的人都不可能成为投资理财的高手。尤其是资金、人力短缺的情况下，获得第一桶金的最好办法就是学会“借鸡生蛋”。

爱在我家的学员强强爸爸曾分享他的经验。

爸爸曾借钱给强强，满足他的一些购物需求。在培养投资理财的过程中，爸爸很重视培养强强“借”的思维，希望他能在投资中学会如何“借鸡生蛋”，如何“借”他人的钱为自己生钱。

有一天，爸爸看到强强正在鼓捣一些卡片、零钱，嘴里还念叨着“这些钱不够啊，还差 30 元……”“这里是 100 张卡片，还缺 8 张……”爸爸听了一会儿，觉得这是培养孩子“借”思维的好时机，于是问道：“儿子，你在算什么？”

强强说：“我正在收集《水浒传》人物卡片，已经收集了 100 张，还缺少 8 张，是出现频率少的几个人物。”

爸爸问：“你收集它做什么？收藏吗？”

强强说：“不是的，我是在做投资，现在学校里所有男生都在收集这个卡片，卡片是干脆面里带的。可是出现频率比较高的总是那几个人物，大部分人都收集不全。现在好多男生都在想办法寻找自己所缺的人物，如果谁有一整套的话，肯定有人出高价买。我之前已经收集 100 张了，现在只剩 8 张了。可是这 8 张可能需要 2 箱甚至更多的干脆面，要花费 60 元以上，我零花钱不够了，只有十几元……”

爸爸想了想，问道：“你有没有考虑，花 60 元买干脆面，是否能收回成本？一整套卡片能卖多少钱？”

强强高兴地说：“当然想过了。现在我收集的卡片最多，已经有人肯出价 200 元买一整套。要是我集齐了再搞个拍卖，说不定可以卖更高价！”

爸爸认为强强的投资思维还算不错。爸爸对他说："这样吧，我可以借你钱，让你进行投资。不过，规矩和以前一样，需要付利息。"强强有些犹豫，爸爸说："你好好想想，机会错过了，就可能真的错过了。你想投资这个生意，其他人肯定也想投资。若是别人抢先集全卡片，你是不是就没有机会了？"

强强想了一会儿，决定向爸爸借款 100 元，生意做成后还 120 元。几天后，强强高高兴兴地回家，对爸爸说："爸爸，我的投资成功了，今天卡片卖出了 260 元。幸亏我行动早，要不真的被其他人抢先了。有几个同学就差一两张了，虽然也被人订购了，可价格没我的高！"

通过这件事，爸爸同时还和强强做了区分，虽然现在学习理财，但是强强的核心工作依然是学习，同学间除了金钱还应有友谊，注意帮助孩子区分投资与友谊的差别。

事实上，很多人都不善于"借"，或不愿意"借"，有钱就投资，没钱就等待。而实践证明，凡是等待的人，事业很难成功，也很难获得财富，因为他们在等待时可能已失去了最好的时机。

在培养孩子"借"的思维时，陈老师有以下几点建议：

1. 适度"贷款"，让孩子学会风险评估。

投资，不管什么时候都有风险，有赚钱的可能，也有赔钱的风险。父母应该让孩子学会在投资前进行风险评估，看项目是否可行，回报率是多少。如果项目没有投资前景，父母可以拒绝"贷款"，并且明确告诉孩子拒绝的原因。

比如，强强投资"水浒人物卡片"，若是其他孩子只是有收集的兴趣，不愿意购买，或是投资 60 元，收益只有 80 元，那么投资价值就不高。爸爸需要告诉强强投资风险，劝他谨慎投资。若是强强坚持，爸爸要告诉他："不管是赚是赔，都需要连本带利地偿还我的贷款。"

2. 让孩子树立良好心态，不断积累"个人信用"。

父母应该让孩子知道，"贷款"不是丢人的行为，而是一种投资理财的智慧和思维。同时，也要让孩子明白："贷款"直接影响个人信用，若是逾期还款，或是不还款，就会产生不良信用记录，之后再借钱就会变得困难。良好的信用记录对孩子未来的投资理财有很大帮助，借钱的次数会提高，金额也会提高。

教育基金——为孩子的未来做打算

"父母之爱子，则为之计深远。"这句话出自《战国策·触龙说赵太后》，意思是父母若是爱孩子，就应该为孩子做长远打算，为孩子谋划未来。

很多父母也懂得这个道理，并且把"父母的格局，决定了孩子的未来"挂在嘴边。在生活中，部分父母早早为孩子规划，规划孩子的学业和职业，想办法为孩子"打点好"一切。然而，父母这样做之后，孩子的未来真的会更美好吗？孩子的人生之路真的能走得更顺畅吗？

父母应该为孩子的未来做打算，可一味地帮孩子规划未来、打点好一切，其实是对孩子的伤害。父母的规划只是自己的想法，即使是最好的，孩子也不一定愿意按照这个方向前进。父母的面面俱到会让孩子失去独立、自主，缺乏智慧、思想，没有目标、理想，只会按部就班。

父母为孩子"为之计深远"，要做的不是替他规划、打点，而是灌输他自己的"未来观"，让孩子学会自己规划自己的未来。孩子不仅要具备情商、智商、财商，还应该有全局观和未来观。从小就应该有未来观，懂得树立理想、为未来做打算，孩子才更能成为一个足够优秀的人。

理财也是如此。很多父母为孩子未来着想，很早就为孩子做了理财规划——为孩子存钱，为孩子购买教育基金。这确实是不错的选择，能够确保孩子未来教育不受资金限制。可"授之以鱼，不如授之以渔"，父母为孩子做打算，不如教孩子自己为自己做打算，这样对孩子更有利。

若是能让孩子尽早参与到教育基金的购买行动中，在耳濡目染之下，便能让孩子学会投资未来。

爱在我家的学员特特爸爸曾分享他的经历。

特特刚出生不久，父母为他选择了合适的教育基金。等特特 8 岁时，把项目书拿出来，告诉特特这是为他的未来存下的教育基金，爸爸妈妈会每年存入 2 万元，等到特特上大学时，账户里就有 36 万元，足够负担大学所需。

图 35　让孩子参与建立教育基金

之后，每年缴纳基金，爸爸都会带上特特，让他进一步了解相关情况。在特特 10 岁时，爸爸计划让特特也参与到存款中来，每年拿出 1000 元缴纳基金。爸爸对特特说："特特，你现在已经接触理财和投资了，也应该为自己未来投资。毕竟你的未来不能永远靠爸爸妈妈。你说对吗？"特特答应了。

在孩子年纪小时，可能还没有未来观，不懂得如何为自己的未来打算。父母需要帮助孩子尽早规划，但请记住，在孩子到一定年龄后，一定要让孩子参与投资未来的行动中。只有真正树立未来观，学会规划未来、投资未来，孩子才能更独立自主，有目标、有理想，进而实现自己更美好的人生。

在让孩子参与到投资未来的行动时，陈老师有以下几点建议：

1. 尽早培养孩子的未来观。

想要有美好的未来，就应该有长远的打算，有明确的未来观。不规划未来，长大后孩子只能在迷茫中寻找未来。只有父母早一些让孩子自己规划未来，孩子才能早一些具有未来观，早一些思考自己的目标、理想。

2. 为孩子打点好一切，不如让孩子学会自己规划。

很多父母尽自己所能，为孩子打点好一切——为孩子存钱，早早给孩子买好教育基金，甚至早早规划好大学、职业、工作。这可能是父母爱孩子的表现，可也是在害孩子的未来。尤其孩子到一定年龄后，若父母还是一手操办、不放手，那么孩子根本无法实现物质和精神的双重独立，更不会拥有财商和未来观了。

3. 让孩子参与购买自己的教育基金。

教育基金就是一种特殊的储蓄形式，是为孩子的未来做教育投资，投资时间比较长，但是风险小、收益比储蓄高。这将是一种保障，即便未来家庭财务状况不好，教育资金也不会出现问题。这就是所谓的"未雨绸缪"。

在孩子大一些时，10—12 岁，父母要引导孩子做投资，让他参与教育基金的投资中，通过实践行动真正理解它的意义和重要性。

学理财，也要学投资理财的原则

投资理财并不简单，需要悟性、经验，更需要思考。父母教孩子学习理财，不能只是让孩子了解相关知识，接触相关工具，重点是培养孩子的意识和思维。每天利用碎片化时间，让孩子了解投资理财的观点、流程，并逐渐让孩子进行尝试，让孩子不断获得正确的思想观念，拥有财商思维，在未来能真正懂得投资理财，做出正确的行为和选择。

如果父母让孩子学理财，只是让孩子按照自己的想法做，就可能陷入误区。这种错误的行为和思维不加以引导，就可能形成一种不良习惯，影响未来的投资观、价值观、人生观的正确倾向。

爱在我家训练营的学员志伟爸爸曾分享他的经历。

在家庭模拟金融投资时，爸爸发现志伟的投资比较盲目、冲动，每次他都准备 100 元资金，可以投资债券、股票、基金。可志伟每次都把所有钱都买股票，即便前几次赔了很多钱也不改变。

最近一次，志伟又是如此。爸爸说："志伟，你忘记之前赔了很多钱吗？为什么还只买股票，不怕继续赔吗？"

志伟毫不在乎地说："股票收益大啊！我赌这次我能赢，要是赢了的话，之前赔的钱就都赚回来了！"

爸爸说："那要是继续输呢？"

志伟说："输就输吧！不赌一次，怎么知道不能赢呢？"

爸爸觉得志伟的思想有些危险，如果不加以引导，恐怕容易滋生"赌徒"心态，这对于孩子未来的投资理财和人生发展都是非常有害的。为了教育志伟，爸爸编撰了一个自己的故事：之前爸爸在进行股票投资时，看中了一只“涨势良好”的股票，谁知爸爸却看走眼了，赔了一大笔钱。妈妈一直劝爸爸及时止损，选择其他投资方式，可爸爸却认为自己没看错，继续加大投资。结果，这次赔得更惨了。

爸爸故意心情低沉地说：“那时，我们家本来就没多少钱，你又刚出生，简直就是雪上加霜。可爸爸和你一样，还准备再赌一把，想把输掉的钱全赚回来。”

志伟紧张地问道：“之后怎样了？”

爸爸说：“好在我控制住自己了，没有继续赌下去，否则你可能就无法如此幸福地长大了，因为你妈妈当时说若是我继续投资就和我离婚！虽然我现在还继续投资，可不敢再盲目冒险，不敢再有赌的心态。我学会了分散投资、稳健投资，正因为如此，我们一家人现在才有幸福的生活！”

志伟思考了一会儿，点着头说：“我明白了，之后我会和爸爸学习，不会只是买股票了。”这次的故事教育很有成效，接下来，爸爸建议志伟把手里的钱分为四份——要花的钱、保障的钱、生钱的钱、保本的钱。

要花的钱，就是零花钱，可以存到储蓄罐里，也可以存到爸爸妈妈这里；保障的钱，就是应急的备用金，以备朋友生日、聚会等不时之需；生钱的钱，就是投资的钱；保本的钱，就是存到银行的钱。

在之后的理财教育中，爸爸不再只教志伟相关知识，而是更注重渗透一些投资理财的原则和误区，比如二八原则，分散投资，不可盲目、冲动，不可有“赌博心态”，等等。尽早培养孩子正确的理财观和投资观。

在尽早培养孩子正确的理财观、投资观方面，李贺老师有以下几点建议：

1. 不可给孩子灌输错误的投资理财观。

很多父母的投资理财观念是错误的，喜欢投资高风险的金融产品，喜欢孤注一掷，或是一心想要赚大钱，在教育孩子时，可能就会把这种错误思想灌输给孩子。这不仅让父母误入歧途，也可能耽误了孩子的未来。

图 36　教会孩子理财的原则

2. 父母要做好榜样，注意自己的投资理财行为。

父母的投资理财行为对孩子的行为和思维将产生深远的影响，比如在日常生活中，父母不喜欢储蓄，喜欢投资高风险、高收益的金融产品，那么即便教育孩子“要稳健，不能冒险”，孩子在投资理财时，甚至在长大后，也可能会因为父母行为的影响，倾向于持有高风险的理财产品。

美国曾做过一个调查，发现在 1984 年父母持有股票 1999 年孩子长大后也持有股票的概率要比 1984 年父母没持有股票 1999 年长大后持有股票的孩子高出 16%。因此，在教育孩子时，父母应该做好榜样，不可盲目投资。

3. 让孩子实践，引导孩子分析错误的观念和行为。

孩子有了自己的主张和思想，很多时候即便父母明确告诉他这是错误的行为，也无法让他改变自己的想法。这时，父母可以适当让孩子自己实践，吃点苦头，比如，尝尝冲动投资的后果，让孩子尝试赔钱，如此一来，孩子就会吸取教训。

为了让孩子树立正确的理财观念，父母需要在实践后引导他分析行为的错误之处，给出正确的教育和引导。

第九章

前方注意避让高危陷阱——盲目消费

盲目消费是一种错误的金钱价值观，它会让我们迅速地把钱花出去，如同泼水一般，钱也没有得到正确的、有效的利用。

父母应该引导孩子树立正确的消费观和价值观，学会合理、健康地花钱，这样才能培养孩子的高财商。

让孩子学会购物

购物这件事看起来谁都会，但未必人人都能购得“明白”。不会购物，就无法正确花钱，无法与钱和谐相处。

关于孩子如何和钱打交道，不同的父母有不同的教育方式，不同阶段的孩子有不同的培养方式。可有的父母只注重教孩子存钱、赚钱，却忘了教孩子如何花钱，这明显是错误的行为。

对于孩子来说，花钱要比存钱更重要。孩子从 4 岁开始就应该学会花钱，懂得金钱与购物之间的关系，弄明白所买的东西是否符合自己的真实需求。或许有父母认为：孩子年纪小，怎么能学花钱？难道不会养成乱花钱的坏习惯吗？

如果孩子只懂存钱，而不会花钱，未必是一件好事。孩子从小没有认识到花钱与购物的关系，没有建立健康、正确的消费观，等到长大了能拿到钱时，可能就会随意乱花、一点儿都不在意钱，或者太过于在意钱、吝啬无比。不管出现哪一种情况，对于孩子的成长和日后生活都有很大危害。

曾有这样一个报道，一个 20 岁的女孩因陷入“校园贷”无法偿还，跳楼自杀，结束了她年轻的生命。

女孩平时花钱大手大脚、疯狂购物，陷入了“校园贷”的陷阱，不仅在网络平台借了大量贷款，还拍了裸照作为抵押。最后，女孩不堪还债的压力和裸照的威胁，选择自杀。

女孩之所以深陷“校园贷”、盲目消费，就是因为从小缺乏正确的金钱教育，不懂得如何正确消费。

女孩家境不错，父母对她万般宠爱，几乎所有要求都无条件满足。可女孩父母从来没有教女孩如何花钱，在高中之前，父母也没有给过女孩零花钱。女孩衣食住行的所有事情都是父母一手操办，连学校需要交的各种费用也是妈妈亲手交给老师，不让女孩经手。

看到她的朋友有零花钱，可以买自己喜欢的东西，女孩也曾跟父母要求，想要零花钱。可话还没说完，妈妈就拒绝说："小孩子要什么零花钱？你想买什么和妈妈说，我一定给你买！"

到高中时，在女孩的强烈要求下，妈妈终于同意给她零花钱。突然能自己管理钱后，女孩渐渐失去控制了，想买什么买什么，乱花钱，有时一周的零花钱高达千元，而父母则一味纵容和满足。在上大学后，女孩远离了父母，不懂得合理花钱，还受到各种物质享受的诱惑，因此走上了一条不归路。

女孩的父母很后悔，没有在孩子小时候就进行正确的金钱和消费教育，但是已经来不及了。

一个不懂得花钱、没有金钱管理能力的孩子，最容易在未来被金钱所害、陷入消费的高危陷阱，最容易拉远自己与钱的距离。所以，父母必须尽早对孩子进行金钱教育，不仅要培养孩子存钱、赚钱的能力，更应该注重提升孩子花钱的能力。学会花钱，孩子就能认识金钱和物质的关系，认识钱和自己之间的关系，就能树立正确的金钱观和消费观，进而掌握驾驭金钱的奥秘。

如何培养孩子正确地花钱，树立正确的金钱观和消费观呢？坚坚老师有以下几点建议：

1.4—6 岁，教会孩子购物。

孩子 4 岁时，父母应该让孩子懂得金钱与购物的关系，教会孩子用钱买自己想要的东西，比如牛奶、果汁、饼干等。

在这个阶段，父母要让孩子和自己一起购物，让他挑选商品并付钱。

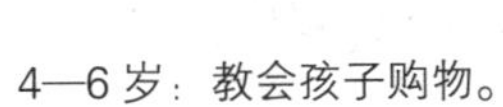

4—6 岁：教会孩子购物。

小学和初中时期：给孩子零花钱，教会孩子合理花钱。

高中时期：让孩子参与家庭消费、理财和投资。

大学时期：放手和监督。

图 37　分阶段培养孩子的消费观

同时，父母不能一味满足孩子的需求，应该告诉他，虽然他很喜欢这个东西，可是现在还不需要它 / 没有用处 / 家里还有一些，让孩子从小懂得理性消费。

2. 小学和初中时期，给孩子零花钱，教会孩子合理花钱。

6 岁后，孩子上小学，父母应该给孩子零花钱，开始可以每天给一两块，慢慢地，每周给 10 块，孩子再大一些时，可以适当增加零花钱。

在这个阶段，给孩子零花钱，一定要循序渐进，不能突然给太多，或直接给一周、一个月的零花钱。同时，父母要教孩子合理花钱，引导孩子进行合理的理财投资，从小树立正确的存钱、理财、消费的观念。

3. 高中时期，让孩子参与家庭消费、理财和投资。

十五六岁的孩子已经有了较为成熟的心智和思考、判断能力，在这个阶段，应该进一步培养孩子的消费、理财、投资能力，树立健康的消费观和理财观。比如，可以让孩子为一周的家庭消费做预算和计划，也可以让孩子参与到家庭投资理财中来。

4. 大学时期，放手和监督缺一不可。

孩子上了大学，基本可以开始独立生活，一般情况下，父母可以一个月给孩子一次生活费。在这个阶段，父母不能过分干预孩子消费，这可能会导致孩子产生逆反心理，但也不能彻底放任不管，应该引导孩子做好消费计划，鼓励孩子理性消费，让孩子不会盲目、冲动消费。

引导孩子拒绝名牌“毒瘤”

如今，对于名牌的追求已经不局限于成年人了，很多孩子受广告、父母、同伴的影响，逐渐认识很多名牌，并开始追求名牌。在孩子这个小群体中，攀比之风兴起，很多孩子非名牌不买，鞋子、运动服要几百甚至上千元的牌子。即使是笔袋、水杯都要几百元的。

大部分经济好的家庭，父母都会满足孩子的需求，让孩子穿上喜欢的名牌；即使是家境经济普通的，虽无力承受昂贵的衣服、鞋子，父母也会为了满足孩子，省吃俭用。孩子的物欲不断膨胀，逐渐形成错误的消费观和价值观。

对孩子的需求一味满足，从不拒绝，真的是对孩子好吗？实际上，想要培养孩子的财商，必须让孩子树立正确的消费观，避免攀比、冲动消费。不管是经济条件好的家庭，还是经济条件普通的家庭，都不能过于“富养”孩子，不能让孩子任性花钱。

在一档综艺节目中，两位明星父母针对孩子是否应该买名牌进行了一番争论。一位爸爸的女儿发信息说，想买一件1000多元的名牌外套，此时这位明星立即拒绝说：“你知不知道这个牌子很有名，而且很贵。你才13岁，没必要穿这么贵的衣服，不能从小乱花钱。超过1000元，小孩子就不可以买！”

另一位爸爸听到后，反驳说：“这件衣服很好看啊！而且长大之后还可以穿，孩子喜欢就可以买啊！你自己也买很贵的名牌啊！”

第一位爸爸说：“那是我自己赚的钱，是我给自己买的。她只是小孩子，干吗穿那么贵的衣服……”

相对而言，第一位明星的主张更值得赞同，孩子盲目追求名牌，非名牌不买，是一种不良的消费观，还容易让孩子形成奢侈的消费观、拜金思想，进而沉迷金钱和物质享受不能自拔。

“爱在我家·赋能对话训练营”的一位妈妈曾分享她的经历。

她的儿子浩轩也特别沉迷于名牌，有攀比的倾向。一日，浩轩和妈妈说：“妈妈，我想买一双新运动鞋。”浩轩的运动鞋是去年买的，虽然还很好，可穿着有些挤脚了，妈妈便爽快地答应了。到了商场，浩轩在一家名牌店前说：“妈妈，我想买一双这个牌子的鞋，今年出的一个新款很好看……”

妈妈觉得有些奇怪，浩轩从来没有要求过买品牌，这次怎么点名要这个牌子呢？妈妈看着还没有说话，浩轩接着说："我知道这鞋子有些贵，可我们班大部分同学都买了，昨天上体育课，同桌还问我怎么没买……"

妈妈明白了，原来浩轩想买名牌是因为虚荣心，害怕在同学面前丢面子。妈妈知道这个时候不能直接拒绝，会让孩子自尊心受到伤害，可也不能轻易答应，时间长了很可能让孩子滋生不良的消费观、价值观。妈妈按照李贺老师的建议，对浩轩说："这个鞋子确实有些贵，妈妈不提倡你这么小就买这么贵的东西。不过，若是你觉得真的需要，真的喜欢它，妈妈可以给你买。可是我只能提供300元，因为这是我准备给你买鞋子的预算，其他的钱需要你自己支付。对于你来说，这个牌子的鞋子是奢侈品，你需要自己付出代价。

"若是你真的觉得它适合你，价格贵一些也没有关系。你可以把它作为一个目标，通过赚钱来得到它。可是，妈妈感觉你不是真正喜欢它，只是因为其他同学有，你怕自己没面子。如果真的是这样的话，妈妈觉得你需要再考虑一下！妈妈不希望你因为虚荣心而养成不良的消费习惯。你希望自己追随别人，还是希望别人追随你？"

浩轩听了妈妈的话，思考了好一会儿，最后对妈妈说："妈妈，我决定不买这双鞋子了，因为我不是真的喜欢它，我不能因为别人的一句话就买不适合自己的东西，我要成为别人追随的人，我也可以引领一个新的潮流。"

妈妈说："嗯，妈妈支持你。你只需要做好自己，不要让虚荣心影响自己的内心。"

虚荣心是一种不良价值观，对孩子的人生可能产生很坏的影响。父母一定要多帮助孩子树立正确的消费观和价值观，避免孩子追求名牌，成为虚荣心的牺牲品。

父母应该怎么让孩子避免名牌带来的虚荣心呢？李贺老师有以下几点建议：

1. 不使用语言和行为暴力，否则适得其反。

孩子盲目追求名牌，非名牌不买，很多父母会用断然拒绝，或者说教的方式，甚至有父母用打骂的方式，让孩子“屈服”。实际上，道理与暴力不能解决任何问题，反而会让孩子产生逆反心理。尤其是到了青春期的孩子，存在强烈的叛逆心和反抗意识，语言暴力和行为暴力可能导致孩子心理出现不良反应，应该给孩子区分，构建新的认知，让孩子有正确的消费意识。

2. 让孩子正确看待名牌，树立正确的消费观。

孩子想要名牌，是因为人格发育不成熟、没有树立正确的消费观念，为了面子或是跟风，才非名牌不买。父母应该让孩子正确看待名牌，比如，可以跟孩子说：“名牌价格高，品质好，可它的价格昂贵，对于不赚钱的你来说，不是一个好的选择。不是只有名牌好，一些中档品牌的衣服鞋子也很不错，并不是名牌就一定适合自己，你要学会选择适合自己的东西。”

父母还应该让孩子树立正确消费观，客观合理地选择自己的消费品。可以跟孩子说：“个人消费要根据自己的情况来确定，目前我们的家庭状况不足以承受名牌的消费。消费的最佳方式是选择适合自己的，要做到理性消费……”

3. 注重培养孩子正确的价值观和人生观。

孩子盲目攀比，追求名牌，实际上是价值观和人生观的一种迷失，长此以往，很可能无法摆脱对物质的追求，无法健康地学习和生活，还会使孩子无法树立远大的目标和理想。父母要积极引导孩子，让他更理智地选择消费方式、追求物质。只有树立健康积极的价值观和人生观，孩子才不会有精神和内心的失衡，才能积极健康地迎接未来。

4. 最重要的是教会孩子审美。

孩子盲目追求名牌，是一种错误的行为。可父母只是一味强调价格，恐怕会矫枉过正。与价格昂贵相比，父母更要教会孩子审美，选择适合自身性格、气质的服装，让孩子有胆量和能力选择自己喜欢的东西。

若是父母一味强调“太贵了”“便宜的挺好”，孩子就会觉得自己不配拥有贵的、好的东西，在之后的人生就无法树立正确的审美观和价值观，也无法成为更好的自己。

列一张购物清单

很多父母常常有这样的烦恼，孩子到了超市，就会不加节制地买东西，不管价格高低，不管需不需要，只要看到了想要的，就一股脑儿扔进购物车。其中大部分是零食、饮料、玩具等对孩子具有诱惑力的东西。

孩子之所以抵挡不住诱惑，习惯性地盲目消费，是因为没有思考过钱的价值和意义，对各种物品的价格没有概念。想要让孩子和钱和谐相处，父母就需要教会他们有计划地消费，判断自己是否需要这些东西以及这些东西对自己的价值和意义。

爱在我家训练营的学员悠悠爸爸曾分享他的经历。

在悠悠小时候，每次爸爸带她去超市前，都说好只买一种零食、不买玩具，到了超市后，悠悠就控制不了自己了。看到喜欢的薯片、饼干、糖果等，就立即放入购物车；看到喜欢的玩具，也立即从货柜上拿下来，放进购物车，不管家里是否有一样的……

每次爸爸和悠悠逛超市都会出现这样的情景：悠悠高兴地在前方选好吃的、好玩的，放入购物车，爸爸在后面一个个筛选，把不买的放回货架。可这种方式并不奏效，当悠悠发现自己选的东西被放回时便会闹情绪，然后撒娇要爸爸买。

爸爸不想通过简单粗暴的方式制止孩子，也不想干脆不带孩子逛超市，因为这两种方法不能从根本上解决问题。经过训练营的学习，爸爸学会了一个小技巧，不管到超市还是小卖部，爸爸都会让悠悠列一个购物清

图 38　带孩子制定购物清单

单，清单的商品是父女俩仔细商议过的，是真正需要的、有用的。除此之外，还允许悠悠额外买两种零食，每个月可以买一个玩具。

一开始，购物清单的执行确实有些困难，因为悠悠已经习惯了想买什么买什么，养成了盲目消费的习惯。慢慢地，悠悠的这种购物冲动得到了克制，很少出现到超市“变卦”的情况。现在，悠悠已经渐渐形成了良好的消费观，不会盲目消费，不仅在超市购物如此，平时日常消费也是如此。悠悠能很好地管理自己的零花钱，每周的零花钱都会剩下一些。而且爸爸发现，悠悠买没用的东西、重复的玩具的情况逐渐减少了。

列一张购物清单方法虽然简单，但能有效地让孩子告别“盲目消费”，培养孩子的计划消费能力和克制消费能力。不过需要注意的是，想要让这个方法更有效，父母必须让孩子分清消费的主次。

父母要帮助孩子构建起基本区分：“需要的”和“想要的”。“需要的”

是生活必需品，是必须要买的，如食物、牙膏、衣服、牛奶等。“想要的”是满足欲望的东西，可买可不买，比如零食、饮料、玩具。若是不让孩子明确这一点，那么他就会把“想要的”列入“需要的”，那么购物清单的制定就没有意义了。

在引导孩子制定购物清单的时候，李贺老师有以下几点建议：

1. 父母做好榜样，拒绝盲目消费。

很多时候，孩子的消费观念都是模仿父母，父母爱逛街、爱购物，在超市看见喜欢的就会买下，一到购物节就疯狂购物，并且大部分商品没什么大用处，或是用了几次就扔，那么恐怕孩子也会效仿。想要孩子形成良好的消费观念，父母就应该以身作则，改掉盲目消费的坏习惯。

2. 培养孩子自制力和消费克制力。

孩子容易盲目消费，是因为没有自制力，抵制诱惑的能力比较弱，会轻易打破自己的承诺，做出冲动购物的行为。父母应该培养孩子的自制力和消费克制力。比如，让孩子花自己的钱，孩子就会下意识节俭，有利于让孩子克制消费。

3. 教会孩子节俭、不浪费。

喜新厌旧、不懂得节俭，是很多孩子盲目消费的主要原因。花钱大手大脚，孩子只管自己想要不想要，从来不管价格、不管是否有用；看到东西就想买，然后买回家后才发现并不喜欢，或是家里有类似的东西，造成浪费。

父母应该注意孩子节俭品质的培养，教孩子不随意浪费钱，把每分钱都花在有用的东西上，从而有效抑制盲目消费。

不要让孩子被广告洗脑

如今，生活中充斥着五花八门的广告，很多人容易被广告洗脑，从生活用品、服装到家电、玩具都信任夸张的广告，最后买了很多不实用、价格贵或是几乎用不到的商品。

成年人或许还可以控制自己，对广告有抵抗力。可孩子基本很难抗拒。玩具、零食的广告诱惑力实在太大，不少孩子对广告中宣传的商品几乎没有任何抵抗力。这是因为孩子处于认知发展的初级阶段，心智不成熟，没有一定的自控力。尤其是五六岁的孩子，只知道自己“喜欢”“想要”。逛商场时，若是看到广告中的玩具自己喜欢，便会不管昂贵与否都吵着要父母给自己买，不达目的不罢休。

爱在我家训练营的学员叮咚妈妈曾分享她的经历。

在叮咚5岁时，对奇趣蛋的广告特别感兴趣，并被其吸引，疯狂迷恋。只要看到奇趣蛋，叮咚就非买不可。一开始，妈妈觉得给孩子买一个，满足他的好奇心也可以。然而，叮咚只关注里面的小玩具，里面的食物都浪费了。

妈妈认为这是一种浪费。之后在叮咚提出想买时，妈妈对叮咚说：“你已经买了很多奇趣蛋了，但是其中的巧克力基本都浪费掉了。妈妈不会再给你买了！”

叮咚着急地说：“可是我想要里面的玩具，里面的玩具很好玩。”

妈妈说：“如果你想要玩具，妈妈可以给你买，为什么非要买它呢？而且，你说的那些玩具在哪里？有的虽然拼装好了，但已经不知道丢在哪里了，有的甚至根本没拼装。对不对？”

见叮咚动摇，妈妈继续说：“妈妈不希望你养成浪费的习惯。奇趣蛋的价格也不便宜，你只想要小玩具，从不吃巧克力，是不是很浪费？”

妈妈继续说：“这样吧！如果你真的喜欢奇趣蛋，妈妈可以把它作为奖励，下一次你表现好时再给你买。”叮咚答应了。

叮咚的情况还算好，毕竟他迷上的只是奇趣蛋，又因为年纪小，他更容易被引导和说服，放弃购买的想法。可一些处于青春期的孩子，有了自己的主意和思想，一旦形成某个观念就很难改变。父母若是处理不当，就可能产生很多问题。

爱在我家训练营的学员晓颖妈妈曾分享她的经历。

在晓颖上小学四年级时，电话手表的广告突然兴起。电视、网络、电梯里都是电话手表的广告，晓颖吵着让爸爸妈妈给她买。电话手表的价格让妈妈有些犹豫。经过一番考虑后，妈妈决定不买。晓颖和妈妈大哭大闹，声称如果不买的话自己就不上学，妈妈只好妥协。可是，晓颖在学校炫耀几天后，就几乎不再使用了。

对于是否给孩子买电话手表的问题仁者见仁、智者见智。不论买与不买，父母都应该给孩子正确的引导，培养孩子正确的消费观。

那么，父母应该如何引导孩子不沉迷于广告呢？坚坚老师有以下几点建议：

1. 让孩子正确认识广告，教孩子客观区分。

告诉孩子，广告有夸大的成分，有时产品并非广告宣传中那样；广告中的产品并非适合所有人，不能被广告误导和洗脑。但不要对孩子说："广告都是骗人的，价格那么贵，东西还不好"，这会影响孩子对事物的判断，从而缺乏是非意识。

对于孩子确实需要，而且适合孩子的产品，父母可以适当购买。对于价格昂贵，又不适合孩子的产品，父母应该积极引导，教会孩子客观地分析和选择。

2. 培养孩子自控力，培养孩子抵御诱惑的能力。

孩子心智不成熟，没有自控能力，所以他们容易被洗脑。在日常生活中，父母应该积极培养孩子的自控能力，训练他抵抗诱惑的能力。

比如，可以和孩子一起做延迟满足训练，当孩子被广告洗脑，急切想要玩具时，利用延时满足的方式——答应购买，但是提出一定的条件——奖励，或是一周只买一次。

3. 父母不能简单粗暴地拒绝，说辞要慎重。

简单粗暴地拒绝孩子是一种很糟糕的方式。当孩子想买广告中的玩具时，如果父母说“太贵了，买不起”“没什么用，不许买”之类的话语，会严重伤害孩子的自尊心、积极性，对孩子的成长和身心产生很大的负面影响。

不选贵的，选对的

曾有一名小学生的父母晒出一张“孩子开学物品清单”，其中学习用品的高昂价格令人瞠目结舌：书包400多元、铅笔盒48元、卷笔刀36元、笔记本20元，再加上铅笔、橡皮、尺子等，最终花了将近600元。

其妈妈说：“本想着开学给孩子买些新文具，鼓励她好好学习、天天向上，可孩子挑的都是好的、贵的……唉，孩子喜欢就好！”

孩子喜欢的就好吗？孩子盲目追求高档文具，只选好的、贵的，从来不知爱惜，没几天就不喜欢了，丢在一旁，再让父母买新的……这些行为是严重的浪费，折射出的是孩子消费理性、节约品质的缺失。

这种现象的出现不只因为孩子的任性，还因为孩子从小就形成的错误消费观。孩子爱买好的、贵的，而父母却认为只要对孩子好或者孩子高兴，即便再贵也值得购买。这实在不是一种好现象。在孩子的价值观、消费观还未形成时，父母应该给予及时引导，帮助他们纠正不合理的消费观，做出正确的选择，而不是纵容。

爱在我家的学员倩倩妈妈曾分享她的经历。

倩倩有一段时间也“只买贵的”，认为“贵的东西更好”。到超市买水果，非要买进口的、价格高的水果，断定贵的肯定比其他的甜。买铅笔盒，两个样子差不多，质量差不多的，一定选择贵的，断定贵的更好。

有一次，妈妈带着倩倩去买羽毛球拍，看中了两个款式。两个款式只有少许差别，价格却差了40多元。妈妈决定买便宜的，倩倩却不同意，

图 39　教孩子正确的消费观

不断地说“贵的就是好”的理论。

妈妈很无奈，对她说：“为什么你觉得贵的就是好的？品牌一样，款式差不多，而且羽毛球拍根本不需要追求款式，实用、结实不就好了。我觉得应该选择性价比高的，省下几十元钱，还能买别的。”

看倩倩没说话，妈妈继续说：“有了羽毛球拍，我们还需要羽毛球，这几十元不正好可以买羽毛球嘛！”

之后，妈妈开始注意纠正孩子不正确的消费观，让她了解什么是价格差、性价比，教倩倩如何货比三家，选择适合自己的产品。经过一段时间的训练，倩倩懂得了“不买贵的，只买对的”，还学会了精打细算。

孩子消费理性的缺失，是父母应该关注的问题。片面地追求高档商品，只选择好的贵的，不仅会造成浪费，导致孩子节俭品质的流失，还可能刺激孩子的虚荣心、攀比欲望。任其发展，孩子就可能贪慕虚荣，将来还可能走上错路，用不恰当的方式满足自己的虚荣心和攀比欲望。

有个成语叫“欲壑难平”，说的就是这个道理。如果父母偶尔给孩子买些贵的、高档的产品，是可以理解的。但是对过分追求高消费，什么都要求最好最贵的孩子，父母不能一味纵容和妥协。父母的让步只能助长孩子的高消费心理，促使他产生更多欲望。当父母不能满足孩子的欲望时，孩子就可能走上错误的道路，害了自己的一生。

父母应该如何纠正和引导孩子，培养孩子正确的消费观念呢？陈老师有以下几点建议：

1. 告诉孩子选对的不选贵的。

告诉孩子高档的消费并不代表身份、地位，并不令人羡慕，只是不成熟的消费观，是虚荣心在作祟。父母应该正确地指导孩子消费，看哪种产品更适合自己，哪种产品性价比更高。

2. 告诉孩子价格和价值的关系，学会货比三家。

让孩子明白任何商品的价格与价值之间是有差别的，价格高的产品并不一定具有高价值。在购物时，父母应该多引导孩子货比三家，看看其他产品的性能、品质、价格，然后做出理智的判断、正确的选择。

3. 培养孩子节俭的品质，引导他走出攀比消费的误区。

很多孩子选择高档商品、价格昂贵的商品，是因为想要和其他人攀比。铅笔盒必须比同学的铅笔盒更贵；同学的书包是 ×× 品牌，自己也要买一样的。严重的攀比心会让孩子向父母索取更多，追求不合理的需求。

父母一定要尽早培养孩子的节俭品质，改掉花钱无度、“只买贵的”的坏习惯，引导他走出攀比消费、不合理消费的误区。如果不减少无端的消费，认为奢侈品就是好的，甚至为了虚荣心和优越感而花钱，那么孩子就无法树立正确的财富观，更无法驾驭钱。

警惕打赏、游戏充值

在传统教育中，认为满足孩子一切要求，给他最好的物质，就是爱孩子。但是，很多孩子缺少高质量的亲情陪伴，使得孩子童年只是物质充足，精神世界却空虚、孤独。在这种情况下，直播、视频和游戏很容易入侵孩子的生活和内心。

孩子沉迷游戏已经成为普遍的社会问题。很多父母工作忙碌，没时间和精力陪伴孩子，任由孩子玩手机、电脑，甚至因为溺爱孩子，为孩子购买昂贵的手机、电脑。有的父母为了让孩子“听话”、不打扰自己，逃避教育责任，主动给孩子手机玩，还给孩子开通支付功能。这无疑为孩子打开了“便利之门”，让孩子沉迷网络、直播、游戏，导致孩子在直播、游戏平台乱花钱、过度消费。

过去几年，全国小学生、中学生、大学生大都在家上“网课”，导致孩子有更多的时间接触手机、网络。于是，孩子偷偷给直播打赏、游戏充值等事件集中爆发。每隔几天就出现这样的新闻：“熊孩子直播打赏，花掉父母十几万积蓄”“孩子偷偷用父母手机给游戏充值，父母发现时已充值 ×× 万元”“12 岁男孩用母亲的钱打赏主播 160 余万元”……

有这样一则新闻——14 岁女孩沉迷“烧钱”游戏，月充值 6 万多元，被发现后自杀。这个女孩是一名初三学生，平时只有周末才能接触手机，最初只是玩一些简单的游戏。开始上网课后，母亲把自己不用的手机给女孩用，女孩开始沉迷于游戏，花钱装扮角色、买装备，把游戏中的自己装扮成别墅里的“公主”。

在女孩开学的前一天，母亲发现自己微信里的零钱只剩下 28 元，感觉有些不对劲，便查询了消费记录，结果发现多笔消费都流向一款手机游戏。开始，母亲并没有怀疑女孩，以为是被盗刷了，还和父亲商议要报警。

之后，夫妻俩到银行查询消费流水单，这才发现，仅仅一个月的时间，银行卡在这款游戏上消费了 108 笔，共计 61678 元。两人是做生意的，每天都有进账出账信息，所以没及时发现钱被刷走。女孩的行为被发现后，或许是害怕父母的责备，或许是觉得对不起父母，最终女孩选择了跳楼自杀。自杀前她给妈妈发了短信，说：“妈妈，是我干的，我不想活了。你能原谅我吗？对不起，妈妈。”

看了这则新闻，为女孩感到伤心、惋惜的同时，也同情遭受巨大打击的父母。悲剧已经发生，一个鲜活的生命已经逝去，即便批评、谴责网络游戏的不良诱导，以及父母的疏忽管理已经没有意义。但是，这件事背后涉及的家庭教育问题不能不被重视。

女孩平时被管教得很严，于是一有玩手机的自由，便很容易沉迷其中。沉迷游戏之后，女孩被虚荣、攀比的心理迷惑，任性花钱，还私自把手机和母亲的微信账户绑定，每次充值后删除消费记录，以免被发现……

这一切的问题看似是“熊孩子”的任性、不懂事，实际上是父母的缺位、教育的缺失——父母没有有效的陪伴，没有对孩子进行财商教育，更没有进行心理教育。在“熊孩子”任性打赏、充值的新闻中，大部分父母都是后知后觉的，在一个月后甚至几个月后才发现，然后把问题推给孩子不懂事、直播平台或游戏平台的不良诱导。

曾有一个男孩玩游戏充值几万元，在父母和舆论的压力下，平台进行了退费处理。结果没几天，这个“熊孩子”竟然又充值好几万。难道不是父母的责任吗？孩子犯错，父母一不严加管教，二不改支付密码，只把责任推给平台，即便钱再次被要回来，也不能从根源上解决问题。

孩子的问题，终究是父母的问题。孩子年纪小，心理不成熟，没有是非观念，不善于自控，才会容易被直播、游戏迷住，任性地乱花钱，而父母应该对其进行管教。

在家庭教育中，父母应该如何教育和引导孩子，如何避免孩子成为沉迷直播、游戏而乱花钱的“熊孩子”呢？陈老师有以下几点建议：

1. 重视财商教育，让孩子正确看待网络消费。

针对孩子任性花钱的现象，父母要仔细保管自己的微信、支付宝及银行卡支付密码，避免孩子用于网络消费。更为重要的是，父母要让孩子认识到，随意进行网络充值是不正确的，是一种错误的消费观念。

告诉孩子，可以适度看直播、玩游戏，但要懂得自律，不能把父母的钱不当回事；只要是产生费用的直播、游戏，一定要尽量避免接触。

2. 给孩子充分的陪伴，避免孩子沉迷直播、游戏。

只对孩子严防死守和财商教育，是治标不治本的。如果父母不能高质量地陪伴孩子，满足其内心的情感需求，填补孤独的空白，那么孩子依旧可能会沉迷直播和游戏，进而乱花钱、不节制。父母应该多陪伴孩子，多与孩子进行情感交流，避免孩子过早接触网络。同时，财商教育不是孤立的，父母应该注意孩子的心理引导，让孩子树立正确的价值观，培养其积极向上的心态。

3. 让孩子吃点儿苦头，承担不良行为的后果。

犯了错，孩子就应该承担后果，才能记住教训、吸取教训。若是孩子任性花钱，为直播、网络游戏充值，父母应该让他负起责任，赔偿父母的经济损失。金额比较小的，直接从他的零花钱、压岁钱中扣除；金额比较大的，让他打欠条，一点点还款。付出代价，吃到苦头，教训才深刻，孩子才能知错改错。

不能纵容先消费、后买单

先消费、后买单，这是有了信用卡之后年轻人最喜欢的消费方式，也让很多乐于享受的年轻人乐此不疲。不知道从什么时候开始，这种方式在孩子中也流行起来，还让一些孩子陷入其中难以自拔，小小年纪就欠下几百元、上千元的债务。

曾有一个针对学校小卖部的调研，调研发现，现在的孩子存在很普遍的赊账现象，其重要原因就是为了和同学攀比。有的孩子见同学买零食、玩具，便也想买；有的孩子为了炫耀，花钱大手大脚，请同学吃零食；有的孩子则因为父母给的零花钱少，为了多买东西，就进行赊账。小卖部老板专门准备记账本，只要孩子留下班级和姓名，就可以把东西拿走。孩子因此养成了先消费、后买单的不良习惯，十一二岁就欠下几百元甚至上千元的债务。

爱在我家训练营的嘉敏妈妈曾分享她的经历。

有一次，妈妈去学校接嘉敏放学，遇到一对父母气冲冲地从学校旁的小卖部出来，生气地训斥一个五六年级的男孩：“你胆子真不小，竟然敢和人家赊账，欠下800多元钱的债务！现在就回家，看我怎么收拾你！”

小卖部老板追出来，说：“你不能走，孩子的钱还没有还！”

父母回过头，说：“你这是诱导不懂事的孩子，孩子这么小，你让他赊账、过度消费，难道还有理吗？这个钱我是不会还的！”

老板也生气地说：“你这是不讲理！欠债还钱，天经地义！”

父母反驳："没错，可这只限于成年人。孩子未成年，你为了多卖东西，诱导孩子买东西，任凭他们乱花钱，真好意思？！你的良心不会痛吗？"

双方发生了激烈的争吵，各不相让，最后引起很多父母围观，也引起了学校领导的注意，学校领导把双方请到办公室，商议处理事宜。

大部分父母也议论起来，有的说孩子不懂事，这么小就敢赊账；有的说父母教育不到位；有的则说小卖部老板不地道，不应该让孩子赊账。家长们交流后发现，绝大部分父母都抱怨自家孩子也有赊账的行为，曾多次要求涨零花钱。

先消费、后买单的行为不是简单的不合理消费，若是不及时引导，可能会对孩子身心健康产生严重的不良影响，甚至会害了孩子一生。孩子喜欢攀比消费、不能自律，是因为控制不住自己的欲望。控制不住欲望，容易被物质享受诱惑，从而陷入盲目消费、过度消费的误区。在长大之后，这些孩子也可能刷爆信用卡，坠入网贷、裸贷的欲望深渊。

适度与人对比，可以使人进步，可若是把对比发展成攀比，且攀比心越来越重，那么就容易出现问题。攀比会使人失去本心，变得盲目冲动，还会让人感到无穷的压力。尤其是自己比别人差时，很容易钻进死胡同。

《吕氏春秋》中说："事随心，心随欲。欲无度者，其心无度。心无度者，则其所为不可知矣。"在孩子小时候，父母千万不能让孩子随心所欲，更不能让他因为虚荣心就任意提前消费、过度消费，形成错误的消费观念。

父母如何处理孩子先消费、后买单的行为，如何减少孩子的攀比消费呢？坚坚老师有以下几点建议：

1. 不溺爱，引导孩子改掉攀比心理。

溺爱孩子，孩子想要什么就买什么，容易让孩子不懂得控制欲望，导致花钱无度。当其他人购买零食、玩具时，孩子会为了满足自己的欲望、虚荣心而不顾一切。

在家庭教育中，父母不能一味溺爱孩子，要明确告诉孩子有多少钱花多少钱，把钱花到关键的地方。同时，父母也应该引导孩子改掉攀比的心理，做好自己的事情，不过分与人做比较。

2. 让孩子建立强大的自我。

当孩子自我评价低时，就会想用攀比、炫耀来满足内心需求。父母应该给予孩子充分的鼓励和肯定，让孩子建立强大的自我，让他明白靠金钱消费得到的虚荣是虚幻的、不切实际的。当孩子变得自信、内心强大，自然就不会和别人攀比，不会为了虚荣而乱消费，对钱的使用达到驾轻就熟的地步。

3. 告诉孩子提前消费、过度消费就是无底洞。

父母应该让孩子明白，先消费、后买单是一种不良的消费习惯，虽然能给自己带来好处，可负面影响也很多。可以多给孩子讲讲提前消费、过度消费导致学业、人生被毁的故事，让孩子意识到事情的严重性。

父母还应该让孩子明白，物质欲望就是无底洞，永远也不会得到满足。适当地控制欲望，合理地进行消费，才能拥有好的人生，在追逐梦想的时候，钱这个好伙伴才能助孩子一臂之力。